旅鉄車両ファイル 004

国鉄 185系 特急形電車

185系 A3編成「踊り子」 2019年5月12日

約30年に渡って走り続けた稲取海岸を行く185系「踊り子」。伊豆稲取～今井浜海岸間　2020年1月3日

185系のもう一つの顔、上野と北関東を結ぶ新特急。185系が開拓した新しい特急ジャンルだった。神保原～新町間
写真／長谷川智紀

EF63形の重連を前補機に碓氷峠を下る185系快速「信州リレー号」。早朝の横軽で見られた定期列車だった。
写真／新井 泰

大井町駅に停車する京浜東北線103系の脇を通り抜ける185系「踊り子」。1980年代の日常的な光景も、遠い昔になった。1982年7月24日 写真／辻阪昭浩

晩年の185系は斜めストライプ塗色に戻されたこともあり、本形式を使用したイベント列車が多くなった。写真は「新特急なすの」のリバイバル列車。矢板～野崎間　2019年5月26日 写真／高橋政士

185系200番代 OM09編成
大宮総合車両センター東大宮センター
2020年12月17日
写真／高橋政士　撮影協力／東日本旅客鉄道株式会社

OM 09
踊り子

Contents 旅鉄車両ファイル 004

表紙写真：
185系OM09編成
大宮総合車両センター東大宮センター
2020年12月17日
撮影協力／東日本旅客鉄道株式会社
写真／林 要介（「旅と鉄道」編集部）

第1章 185系の概要

第2章 185系のディテール

第3章 185系の列車史

第4章 特急「踊り子」ヒストリー

第1章

185系の概要

特別急行＝特急に使用される特急形電車は、かつては文字通り格式ある特別な存在であった。しかし特急網の拡大に伴い、特急の編成内容も変化し、1970年代になると183系、381系と食堂車のないカジュアルな特急形電車が登場。急行の格上げやエル特急の設定と合わせて、利用しやすい特急へと変化していった。
185系は、183系の特急「あまぎ」と153系の急行「伊豆」を統合した後継特急用に開発された特急形電車で、東海道本線での普通列車の使用も前提に含まれていた。短距離特急用とはいえ、登場の経緯からして、異色の存在であった。

185系特急形直流電車のプロフィール

文●高橋政士　資料協力●中村 忠

国鉄最後の特急形電車形式となった185系は、特急だけでなく普通列車にも使用するという、特殊な条件から開発された。用途もさることながら、車体、塗色、内装など、随所に独特な設計が施された。

ピカピカの185系0番代のみで15両編成が組まれた急行「伊豆」。今見ても大胆な塗色だ。新子安～鶴見間　1981年4月7日
写真／大道政之(RGG)

153系の置き換えと特急格上げに対応する車両

東海道本線東京口では急行列車用として153系、165系が使用されており、急行列車は元より、111・113系に交ざって普通列車まで幅広く使用されていた。しかし、153系は1958～62(昭和33～37)年の製造であり、70年代後半にはアコモデーションの陳腐化とともに老朽化が目立つようになった。

そこで、新形式を投入して急行を特急に格上げして置き換えることが計画されたが、前述のように東海道本線東京口では153系が普通列車にも使用されていることから、特急列車にも普通列車にも使用できる構造として設計・製造されたのが185系である。東海道本線用として0番代、高崎・上越、東北本線用として200番代が製造された。

設計に当たっては以下のような基本方針が定められた。

- ■ 特急電車としてふさわしい構造
- ■ 通勤輸送にも対応した構造と性能
- ■ 走行性能は117系と同等とし、暫定的に153系

表1　185系電車主要諸元

車種		モハ185	モハ184	クハ185	サロ185	サハ185
定員(座席数)		68(68)	64(64)	56(56)	48(48)	68(68)
自重(t)		43.3	44.2	36.2	34.0	33.6
主要寸法	最大長(mm)	20,000		20,280	20,000	
	最大幅(mm)	2,946				
	最大高(mm)	4,066		4,055	4,066	
	パンタ折りたたみ高(mm)	4,140	—	—	—	—
	台車中心距離(mm)	14,000				
台車形式		DT32H		TR69K		
性能	1時間定格出力(kW)	960 ※1		—	—	—
	1時間定格速度(km/h)	52.5 ※1		—	—	—
	1時間定格引張力(kg)	6,690 ※1		—	—	—
制御方式		直並列弱界磁総括制御停止及び勾配抑速用発電ブレーキ付		—	—	—
最高運転速度(km/h)		110				
電気方式(V)		直流　1,500				
ブレーキ方式		SELD発電ブレーキ併用電磁直通ブレーキ、直通予備ブレーキ付				
主電動機	形式	MT54D		—	—	—
	個数	4		—	—	—
	1時間定格出力(kW)	120		—	—	—
	歯数比	17:82=1:4.82		—	—	—
電動発電機		—	DM106×1 190kVA	—	—	—
空気圧縮機		—	MH113BC2000M×1 ※2 MH3075AC2000M×1 ※3	—	—	MH113B-C2000M×1 ※2
冷房装置形式(容量)×個数		AU75C×1　42,000kcal/h			AU71C×1 28,000kcal/h	AU75C×1 42,000kcal/h
製造初年		昭和56年				

冷房装置については、56年度1次債務車からAU75CはAU75Gに変更　※1 MM'の性能　※2 0番代　※3 200番代

と併結可能
- ■ 機器などは実績のあるものを使用し、メンテナンスフリーを考慮
- ■ 車体の経年劣化対策の盛り込み
- ■ アコモデーションの改善と刷新
- ■ 取り扱いの簡素化と省力化

このような基本方針から、走り装置は1979(昭和54)年に登場した117系とほぼ同一で、歯数比が近郊形と同じ1：4.82となり、最高速度は110km/hとなった。反面、加減速性能は良くなり、近郊形の113系が多く走行する東海道本線では適切な性能ともいえ、急行列車の特急格上げに伴って停車駅が増えた際も有利であるとされた。

185系は同じ走行装置を持つ117系と同じく、特定地域での限定した運用に使用されるという、各地の路線で運用できる車両を基本としていた国鉄型としては珍しい存在で、後のJR各社で見られる地

域密着形式の先駆けともいえる存在となった。

形式はクハ185形、モハ184・185形、サロ185形、サハ185形が設定され、クハは番代で奇数車と偶数車を分けた。

近郊形に準じた車体と開口幅が広い側扉

従来の国鉄特急形電車では車体長を20,000mmとしていたが、185系は117系と同じ19,500mmとなり、一般車と同じとなっている。車体断面も117系と同じで、車体幅は2,900mmで裾に絞りが設けられているが、他の特急用車とは異なり車体上部には絞りがない。床面高さは1,200mmと183系と同じだが、最大高さは4,066mmであり、183系の3,923mmと比べて高く、117系と同一の寸法となっている。

側扉は普通列車での運用を考慮して、特急形でありながら急行形と同じ1,000mm幅のものを片側2カ所設置している。片側2カ所設置の183系でも700mm幅だったので、1,000mm幅の側扉は185系の特徴のひとつといえるだろう。なお、グリーン車では1,000mm幅の側扉が片側1カ所となっている。

屋根は腐食防止の点から従来の屋根布を廃し、ポリウレタン系樹脂塗料による塗り屋根を採用し、雨ドイもFRP製となっている。

185系と技術的に兄弟車ともいえる117系近郊形電車。京阪神地区の「新快速」用として投入され、転換式クロスシートを備えた快適な車内で好評を博した。写真／PIXTA

片側2カ所に配された側扉や食堂車のない編成で、登場時は「カジュアルな特急形電車」と呼ばれた183系。市川　2014年9月20日
写真／高橋政士

クハ185形0番代の形式図（新製時）

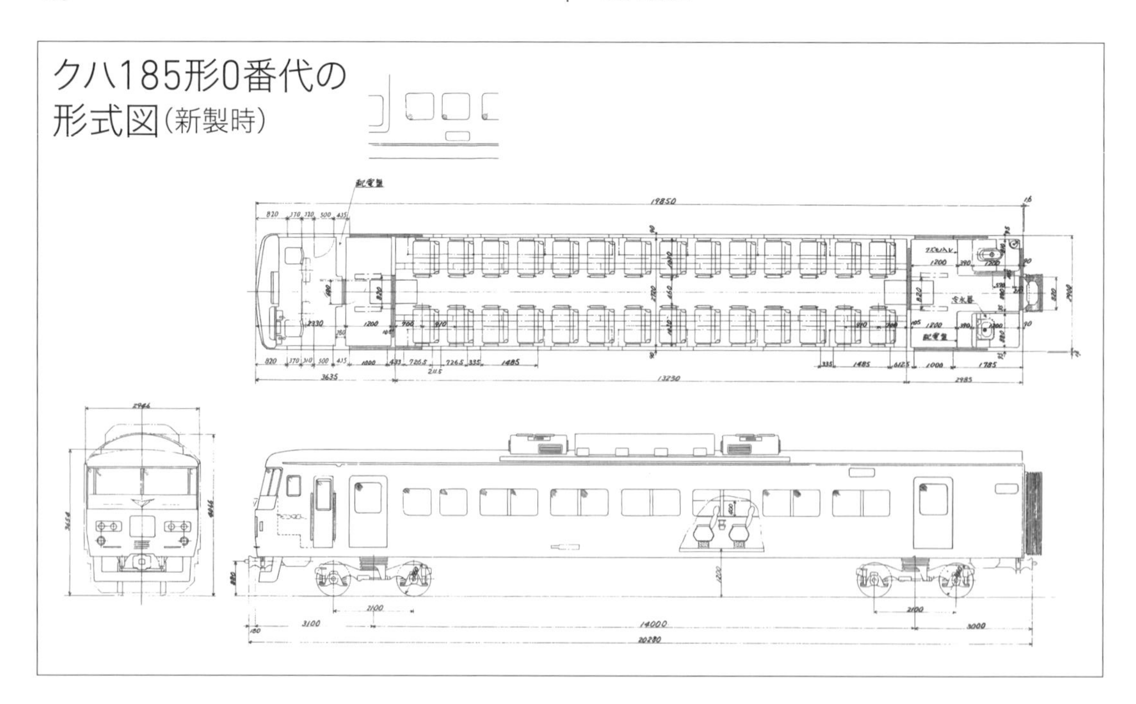

特急形なのに開閉可能な側窓、グリーン車は窓枠を着色

構体自体は従来車同様の鋼製だが、外板と台枠の接合部分は腐食が発生しやすいため、外板の下部400mmにステンレス鋼を採用し、さらに防水シール材によって外板と台枠の間に雨水が浸入するのを防いでいる。側引戸の戸袋部分も腐食しやすいことから、屋根用の塗料を内部に塗布している。

普通車(上)、グリーン車(下)ともに上昇式の開閉窓を採用。151系以来、国鉄の特急形車両は固定窓だったため、登場時は話題になった。窓サッシや帽子掛けなどのアルミ製の部分は、普通車は地色のシルバーだが、グリーン車はレモンゴールドに着色された。東大宮センター 2020年12月17日　写真/編集部　撮影協力/JR東日本

東急車輛製造で組み立て中の185系。上昇式窓のため、幕板上部まで窓の上昇分が確保されているのが分かる。1982年4月　写真/森嶋孝司(RGG)

側窓は普通列車での運用も考慮して、開閉式が特急形として初めて採用された。普通車は基本的に2枚を一組とした幅1,485mmのもので、室内からの見通しを良くするためと外観デザインの観点から、1枚ガラスの上昇式となった。

グリーン車は座席個別に幅975mmの上昇式窓となっている。窓枠は普通車とグリーン車を差別化するため、グリーン車はアルマイト加工処理によってレモンゴールドに着色されている。

1枚の上昇式窓であるため、ステンレス製コイルバネのバランサを各窓に内蔵して開閉を容易にしている。開口幅は25mm/200mm/400mmの3段となっており、側面幕板部に行先表示器が設置されている箇所は25mm/150mmの2段となっている。

運転台側窓とグリーン車にある専務車掌室の窓は下降式だが、車体の腐食防止のためステンレス製のユニットサッシとなっている。複層固定ガラスではないため車内の静粛性については見劣りすることもあるが、隙間風防止やがたつき防止などの工夫がされている。

運転室前面窓や戸袋窓、側扉などの固定窓は省力化の観点からHゴムをやめて、アルミ、またはステンレス製の押え金方式としている。

既存の車両にとらわれない大胆な3本ストライプ

車体関係で見た者をあっと驚かせたのが0番代の外部塗色だ。従来の国鉄色にとらわれず、全体を東海道新幹線用0系と同じクリーム色10号とし、東北新幹線用200系の緑14号で右下がりの3本斜めストライプを配した斬新なものとなった。

ストライプはそれぞれ幅が異なり、一番太いものから1,600mm/800mm/400mmとちょうど半分ずつの幅となっている。このストライプのデザインを生かすため、通常は車体中央付近に標記される形式記号がストライプを避けた位置に標記されるなど、お堅いイメージの国鉄車両のイメージを大きく変えた。

0番代の車体外部塗装区分

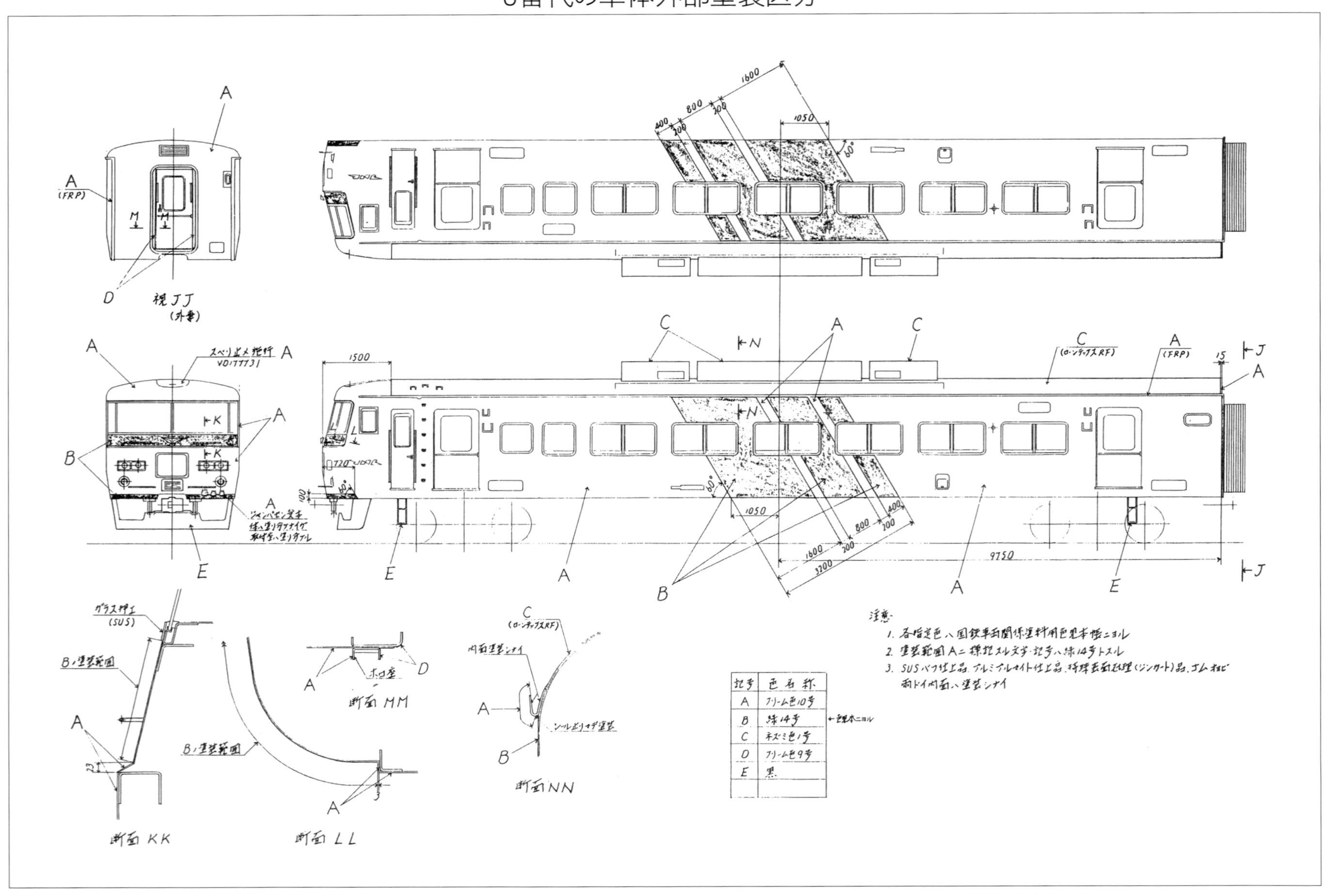

記号	色名称
A	クリーム色10号
B	緑14号
C	ネズミ色1号
D	クリーム色9号
E	黒

2列分で1枚とした大きな上昇窓の普通車(上)と座席ごとに1枚ずつ小窓が並ぶ、グリーン車らしい窓配置のサロ185形(下)。形式記号は、国鉄では異例のストライプを避けた位置に標記(下)。200番代は通常の位置に標記され、ストライプ変更車は合致しない形式もある(上)。
東京　上：1986年1月25日、下：1981年6月2日　写真／大那庸之助

定員増を考慮した台車と近郊形に準じた歯数比

台車は国鉄特急形電車の定番ともいえるDT32とTR69だが、183系0番代や485系に使用されるDT32E、TR69Hに対して、通勤輸送の際に定員オーバーとなることが想定されることから、側梁と枕梁を強化したDT32H、TR69Kと、117系と同じものを採用している。

動力伝達装置は中空軸平行カルダン式で、歯数比は近郊形と同じ1：4.82と設定。1：3.50の183系の最高運転速度120km/hに対して110km/hとなり、基本的な性能は113・117系と同じとなっている(急行形153系の歯数比は1：4.21)。

主要電気機器は安定志向の選択だがブラシレスMGを初採用

電動発電機(MG)以外は当時すでに使用実績があるものが使用されている。勾配抑速ブレーキ・ノッチ戻し制御を行うため、主制御器は183系などでは従来CS15系が用いられていたが、抵抗カム軸と組合せカム軸を独立駆動とするなどメンテナンスフリー化、高性能化、高信頼性化を図った117系と同じCS43Aが採用された。これは381系開発時に今後の標準型とすべく開発されたもので、非常ブレーキ時にも発電ブレーキが作用して、非常ブレーキの安定化を図っている。

主電動機は安定した性能を発揮している国鉄標準型のMT54D。主抵抗器はMM'ユニットで計8基あるMT54Dを直並列制御するため、No.1～4、No.5～8を2群に分けた強制通風式のMR136が採用されている。

MGは国鉄型で初めてとなるブラシレスMGのDM106を採用している。従来では電動機(M)側はブラシのある直流電動機を使用していたが、M側

表2　185･183･165･153系の比較

形式＼項目	主電動機	歯数比	最高速度	MM'の1時間定格		
				出力	速度	引張力
185系	MT54D	1:4.82	110km/h	960kW	52.5km/h	6,690kg
183系	MT54D	1:3.50	120km/h	960kW	72km/h	4,860kg
165系	MT54	1:4.21	110km/h	960kW	60km/h	5,730kg
153系	MT46	1:4.21	110km/h	800kW	68km/h(70%F)	4,200kg(70%F)

をインバータを用いた三相同期電動機とすることで、同一軸にある発電機(G)側の三相同期発電機を駆動するものとなった。電気回路的には複雑だが、M側のブラシが無くなることで大幅なメンテナンスフリーとなる利点がある。

現在では直流から直接静止型インバータ(SIV)によって補助電源が作られるのは当たり前で、今から見れば過渡的ともいえるものだが、当時としては画期的なMGだった。これにより、その後登場する201系以降の国鉄通勤形電車や211系、415系1500番代をはじめ、103系などの通勤形電車の冷房化改造などにもブラシレスMGの採用が広まった。

電動発電機は、電動機、発電機ともブラシレスとし、メンテナンスフリーとした。185系に初採用されたDM106は、国鉄末期の新造車に多く採用された。東大宮センター　2020年12月17日
写真／高橋政士　撮影協力／JR東日本

実績のある機器を使用したブレーキ装置

主要電気機器同様、実績のあるものが使用されている。SELD発電ブレーキ併用電磁直通式ブレーキと自動空気ブレーキ、勾配抑速ブレーキに加え、直通予備ブレーキが備わり、クハ185形には手ブレーキが設置されている。

通勤時の混雑を考慮した普通車の空調機器

通勤輸送にも対応するため、普通車の冷房装置は通勤・近郊形にも採用されている大容量のAU75C(42,000kcal)を採用。グリーン車は定員の大幅超過はないため、新開発のAU71C(28,000kcal)が採用された。元々初期のAU75と同時期の開発だったため、内部機器の配置もほぼ同じである。200番代後期型では省エネタイプでステンレスキセのAU75Gが採用され、AU71Cもステンレスキセに改められた。

通風は冷房装置前後に配置された新鮮外気取入装置から強制的に客室内に給気し、汚れた空気は気圧差によって妻板貫通扉上部にある排気口から排気されるため、屋上のベンチレータは廃止された。

モハ185-23に搭載されたAU75CM。冷房装置の前後には新鮮外気取入装置が搭載されている。185系の特徴的な屋上配置である。東大宮センター　2020年12月17日　写真／編集部

妻板の貫通扉上部にあるルーバーが、車内の汚れた空気を排出する排気口。東大宮センター　2020年12月17日　写真／編集部

プリント模様の化粧板でイメージ一新を図る

客室内張は従来通りアルミメラミン樹脂化粧板だが、アコモデーション改善のためプリント模様として、従来型に対してイメージの一新を図っている。また、側窓が開閉式となったことから、横引きカーテンと巻上カーテンの両方を備えている。

客室仕切り扉はマットスイッチによる自動式で、手動にも切り換えて使用が可能なものとなり、通勤輸送時に開口部が広くなるように、戸袋部分に取手

の切り欠きがあり全開するようになっている。

グリーン車の内装は、高級感のあるものとなった。客室内張は薄い皮シボ模様、仕切り妻内張は皮シボ模様のプリント、さらに内帯・客窓・広告枠・帽子掛けなどアルミニウム製のものは、側窓外部と同じくレモンゴールドのアルマイト処理加工とした。

カーテンキセや荷物棚前面飾りなどはポリカーボネイト製の薄茶色のものとして、横引きカーテンは金色波模様、巻上カーテンは灰色を基調とした横縞模様と、普通車に対して差別化を図る仕様となっている。

床敷物は201系と同じくブラウン系で、通路のじゅうたんも同系統の色である。

座席はキハ183系と同じR-27Bリクライニングシートを1,160mmピッチで配置。表面生地は純毛の赤色モケットとしている。

普通車の座席は改良型の転換クロスシート

普通車の内装は実用性を高めたものとされた。客室内張は布目模様、仕切り妻内張はコルクモザイク模様のプリント。カーテンキセはグリーン車と同じだが、横引きカーテンは緑色と白色の横縞模様、巻上カーテンは緑色を基調とした横縞模様となり、アルミニウム部品については地色のままとなっている。床敷物はグリーン車と同じブラウン系である。

座席は新幹線普通車や117系で採用されたW-17転換座席を採用しているが、座り心地の改善とメンテナンスフリー化のため改良されている。背ズリは2人分一体で作られているが、枕部分は117系が一体であるのに対して、新幹線用と同じく分割タイ

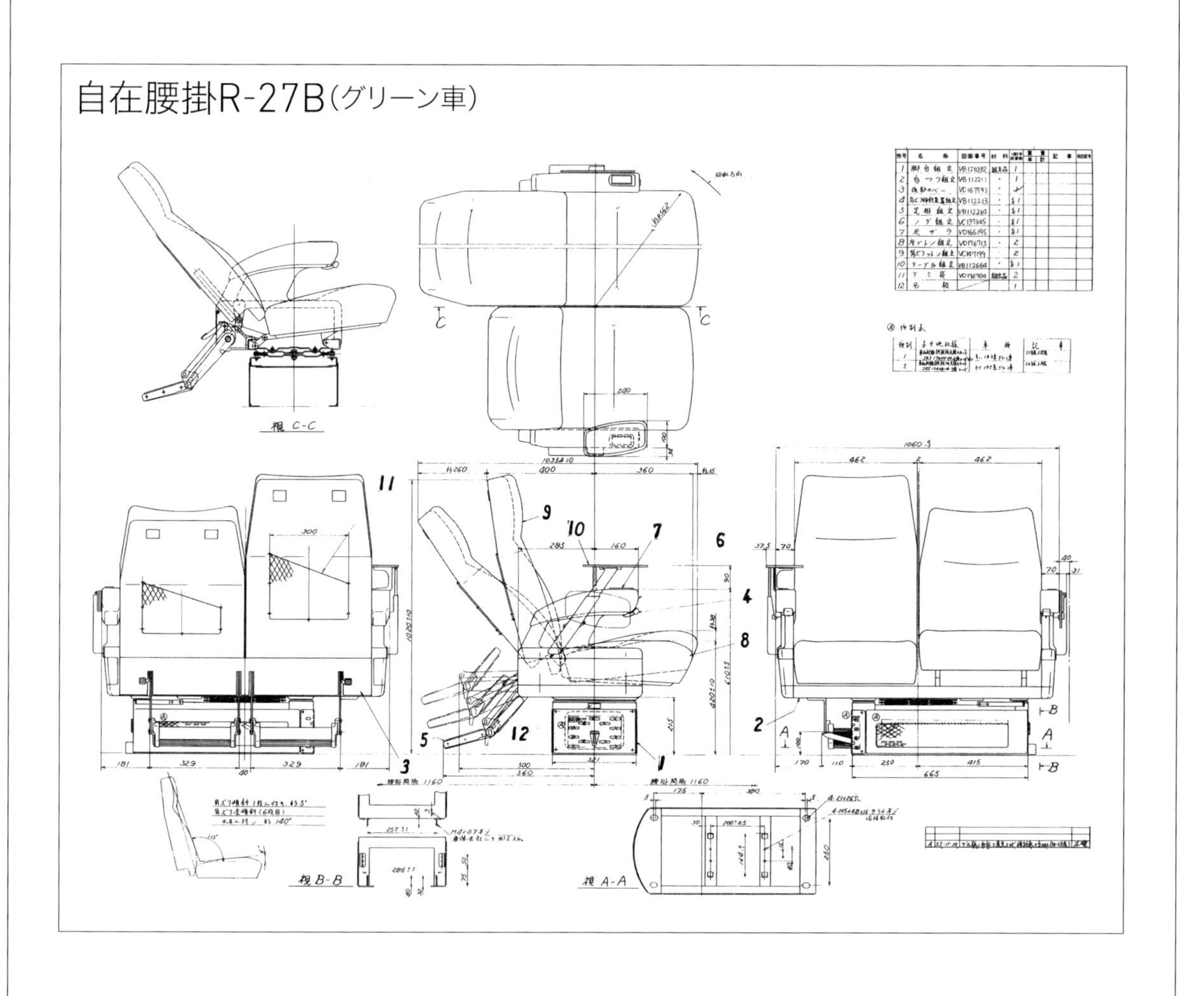

自在腰掛R-27B（グリーン車）

プとなっている。普通列車運用時に通路幅を確保するため、窓側肘掛けを車体取付として座席自体を車側に寄せ、通路幅を117系の620mmに対して、40mm広い660mmを確保している。

表面生地はロームブラウンとし、着座位置を明確にするため、境界部分にアクセントカラーが入っている。

妻板に木目がプリントされた化粧板を用いて、高級感を出した普通車の車内。写真はモハ185-8。東京　1981年6月29日　写真／大那庸之助

0番代は10両編成と5両編成の2種153系とも併結可能

量産先行車的な1次車45両(MM'ユニット1～12)と、2次車70両(MM'ユニット13～31)の2グループがあるが、1次車最終の新製時期と2次車最初の新製時期は2カ月しか差がないため、ほとんど差異は見られない。117系と同仕様だが、耐寒耐雪装備が省略されている。0番代は投入過渡期に153系との併結運転を行うことから、制御用にKE64ジャンパ連結器を2個設置している。

クハ185形、モハ184・185形、サロ185形、サハ185形の5形式が製造され、10両の基本編成と、5両の付属編成が組まれ、最大15両編成を組成する。

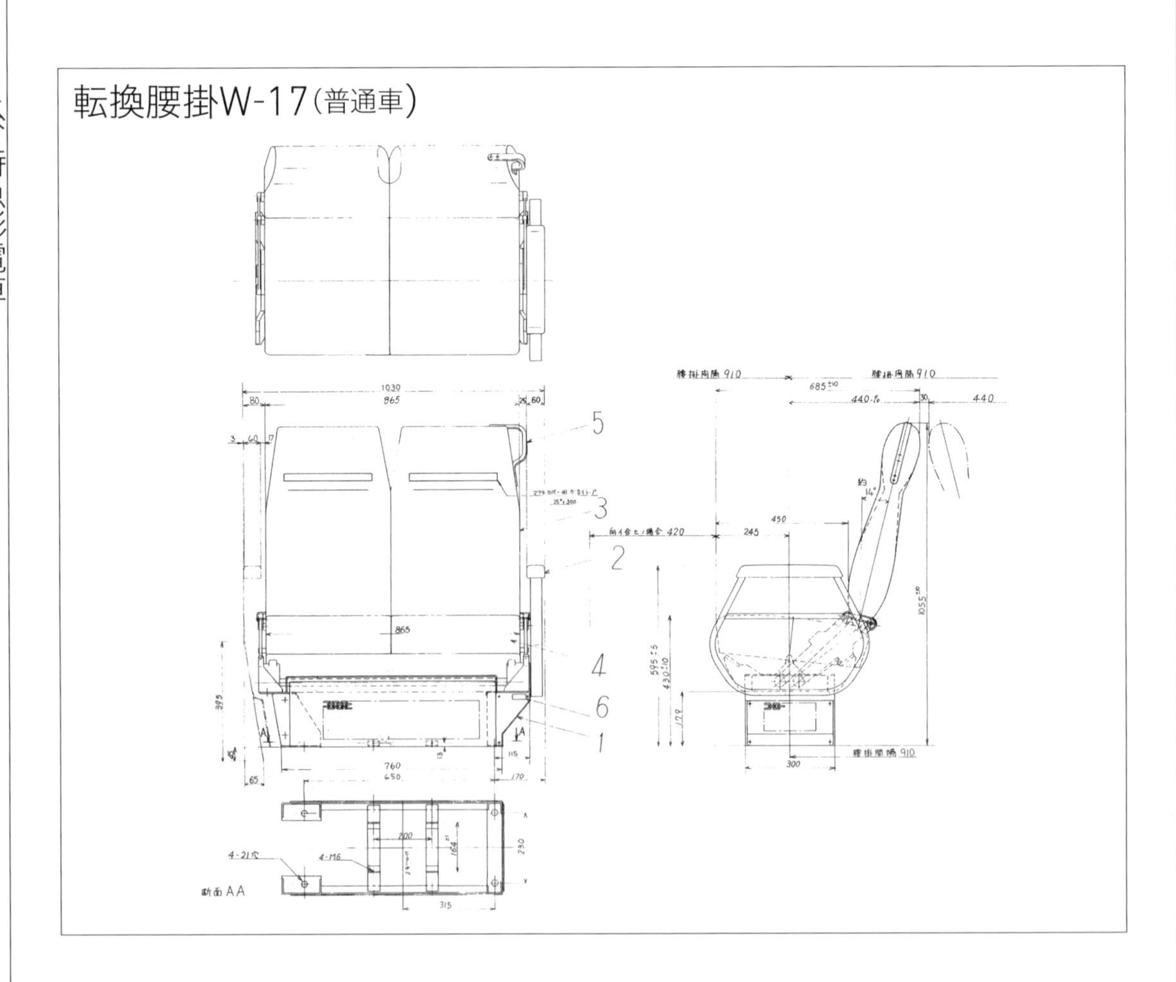

碓氷峠の通過に対応した装備を持つ200番代

高崎・上越線での運用を踏まえ、信越本線の横川〜軽井沢間(横軽)を走行する際に必要となる、空気バネのエアを抜く設備や耐寒耐雪装備が追加されたため、番代区分され200番代となった。1次車が63両(MM'ユニット201〜219)と、2次車49両(MM'ユニット219〜232)が製造されている。

横軽区間は協調運転は行わず、EF63形による牽引となるため、下り(長野)方のクハ185形300番代の運転台にも車掌弁が設けられた。これは碓氷峠を登る列車では、185系先頭車の運転士は前方監視と信号喚呼を行い、非常ブレーキ扱いを車掌弁で行うためだ。なお、EF63形の機関士との信号喚呼は連絡電話で行う。

2次車では0番代と異なり、200番代のほうが1年弱製造が遅かったことから、冷房装置がステンレスキセのAU75Gに変更されており、1次車との区別ができる。また、投入過渡期の併結相手が165系となることから、ジャンパ連結器は0番代と同じくKE64×2となるが線番号が異なり、併結時にも勾配抑速ブレーキが作用する。

クハ185形、モハ184・185形、サロ185形の4形式が製造され、基本の7両編成のみを組成する。サロ185形は横軽対策のため、長野方となるクハ185形300番代の次位に連結される。

なお、当時は田町電車区から新前橋電車区は山手貨物線経由となることから、新前橋配置編成は編成全体が逆向きとなっていた。編成の向きがそろえられるのは、田町車両センターが廃止された2013(平成25)年のことである。

塗色は0番代とは異なり斜めストライプではなく、東北・上越新幹線用の「新幹線リレー号」に使用されることから、0番代と同色ながら、グリーン帯が窓下に入るスタイルとなり、東北・上越新幹線との一体性が強調されたものとなった。

1981年1月の落成から同年10月の特急「踊り子」誕生までは、153系と併結して急行「伊豆」に充当された。特急形だが、歯数比は153系よりも大きい。
東京　1981年6月29日　写真/大那庸之助

表3　0番代に対する200番代の主要変更点

分類	番号	件名	車種	記事
併結条件	1	協調継電器盤を165系用に変更	Tc	併結対象車種を153系から165系に変更
横軽対策	2	継電器盤、配電盤に横軽リレー(YKR)追加	全	
	3	空気ばねパンク用D1吐出弁、圧力スイッチの増設	全	
	4	車掌弁にマイクロスイッチ及び絞り追加	Tc	
	5	下り方(軽井沢方)Tcに車掌弁増設	Tc	
耐寒・耐雪	6	雪かき器の取付	Tc	前位台車
	7	パンタグラフをPS16からPS16Jに変更	M	バネオオイ付
	8	耐雪ブレーキ増設	Tc	
	9	戸袋ヒータ増設	全	0番代は配管のみの準備工事
	10	側窓構造の変更	全	結露防止
	11	床下配線処理の変更	全	耐雪用処理基準
	12	空気ダメドレンコック保護金具類の変更	全	耐雪化
	13	空気笛(AW5)に耐雪形オオイ取付	Tc	ピストン・シリンダ方式廃止による故障防止
	14	汚物処理装置の変更	Tc、M'、Ts	準備工事
	15	軸箱防雪カバー取付	全	
その他	16	MG起動装置の変更	M'	電磁投入方式に変更
	17	空気圧縮機用電動機の誘導電動機化	M'	省力化
	18	除湿装置増設	M'	保安度向上
	19	ブレーキ制御装置KU1制御弁をE制御弁に変更	全	価格及び保守費の低減
	20	配電盤上部天井配管の変更	全	鼠害対策(改修会議の趣旨による)
	21	運転室に密連防雪カバー入れ、保護具箱増設	Tc	現地局要望

クハ185形300番代の運転席。運転席の脇には横軽通過時に使用する車掌弁がある。籠原電車区　1982年1月8日
写真／森嶋孝司(RGG)

200番代の車体外部塗装区分

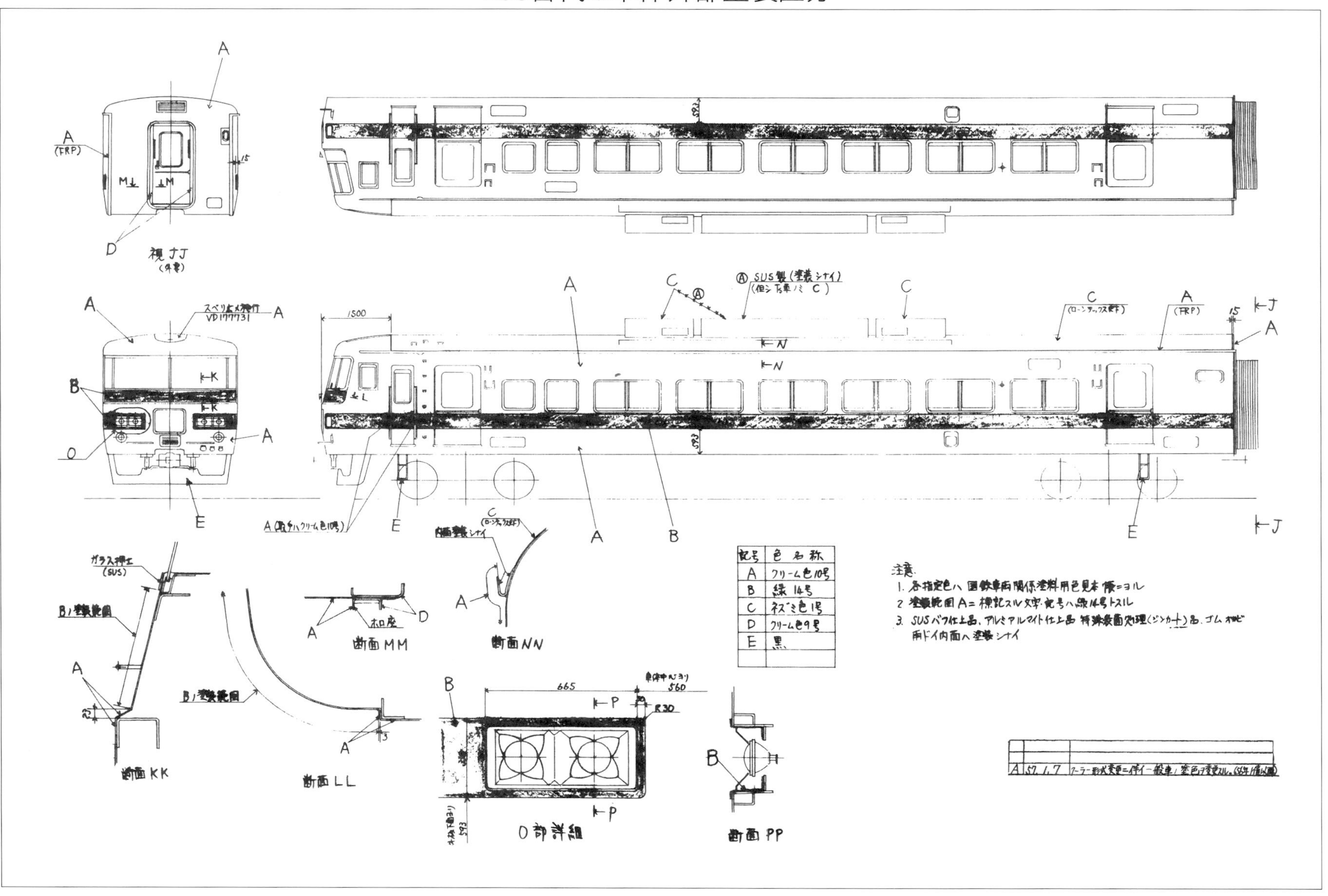

185系200番代
特急「谷川」
籠原電車区
1982年11月12日
写真／荒川好夫（RGG）

S231

185系の形式

文◉高橋政士　資料協力◉中村 忠

185系では、0番代でモハ185形、モハ184形、クハ185形(0・100番代)、サロ185形、サハ185形の5形式、200番代でモハ185形、モハ184形、クハ185形(200・300番代)、サロ185形の4形式が製造された。現在まで、改造による追加形式や、他系列への改造、他系列からの改造や編入はない。

5両編成の14号車に連結されるモハ185-12。PS16パンタグラフを前位寄りに搭載する。2-4側床下には主制御器、断流器、ブスヒューズを搭載する。東京　1983年9月3日
写真／大那庸之助

モハ185形

モハ184形とユニットを組む電動車。主制御器と主抵抗器、パンタグラフなど主要電気機器を搭載する電機車である。パンタグラフは前位寄りに設置されており、モハ184形は後位寄りに連結されるため、ユニットの外側寄りにパンタグラフが配置されることになる。パンタグラフは、0番代はPS16で、200番代は主バネに防雪カバーの付いたPS16Jとなっている。

便洗面所は設置されていないため、片側2カ所の側扉は両方とも車端部に設置されており、サハ185形と同一の車体で定員は68人と、185系中最大である。自重は0番代が43.2トン、200番代が43.3トンと番代で異なっている。

上　10両編成に連結されるモハ185-5の1-3側。 東京　1981年6月2日　写真／大那庸之助

下　塗色変更後のモハ185-5の4-2側。 平塚　2010年6月15日　写真／中村 忠

上　「新幹線リレー号」の運用に入るモハ185-221。車番の脇に信越線急勾配区間用標記の●(Gマーク)を標記する。
パンタグラフは主バネにカバーが付くPS16J。　大宮　1982年6月23日　写真／大那庸之助

下　「新幹線リレー号」の終了で田町区に転属した200番代のモハ185-206。ストライプへの塗色変更で、Gマークは緑色帯と重なるため白色となった。パンタグラフはPS16Jを搭載する。　東京　1986年1月25日　写真／大那庸之助

上　田町電車区配置の200番代は、湘南色のブロックパターンに変更された。
　　パンタグラフをシングルアーム式のPS33に換装したものもある。　モハ185-211　2015年10月31日　写真／中村 忠

下　リニューアル改造を受けてEXPRESS185塗色をまとうモハ185-228。
　　パンタグラフは台座はPS16Jのまま、枠組をPS21と同等のものに換装。　深谷　2010年4月22日　写真／中村 忠

モハ185形0番代

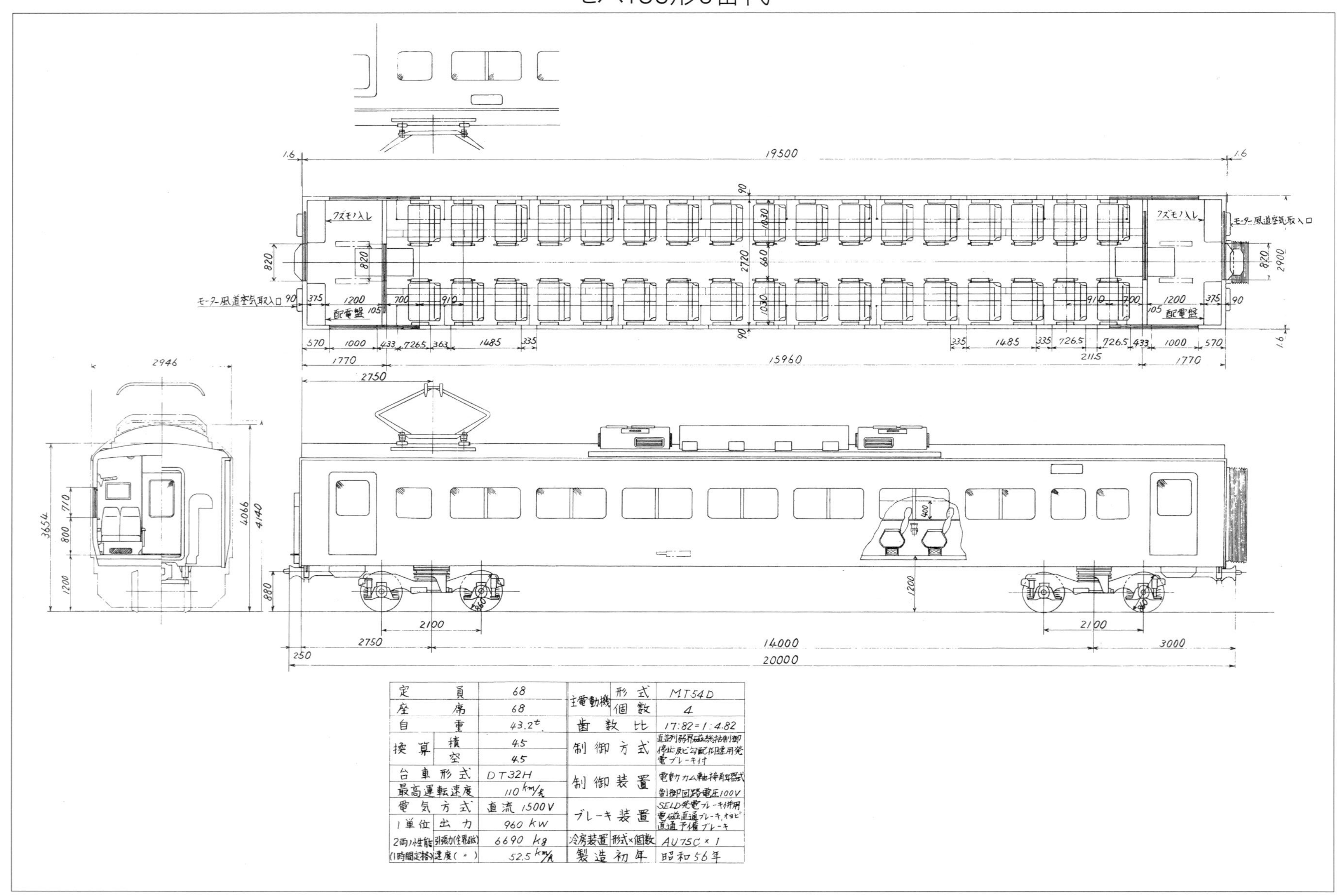

定員		68
座席		68
自重		43.2t
換算	積	4.5
	空	4.5
台車形式		DT32H
最高運転速度		110 km/h
電気方式		直流 1500V
1単位出力		960 kW
2両ノ性能(1時間定格)	引張力(全界磁)	6690 kg
	速度(〃)	52.5 km/h

主電動機	形式	MT54D
	個数	4
歯数比		17:82=1:4.82
制御方式		直並列弱界磁総括制御 停止及ビ勾配抑速用発電ブレーキ付
制御装置		電動カム軸接触器式 制御回路電圧100V
ブレーキ装置		SELD発電ブレーキ併用 電磁直通ブレーキ,オヨビ 直通予備ブレーキ
冷房装置	形式×個数	AU75C × 1
製造初年		昭和56年

モハ185形200番代

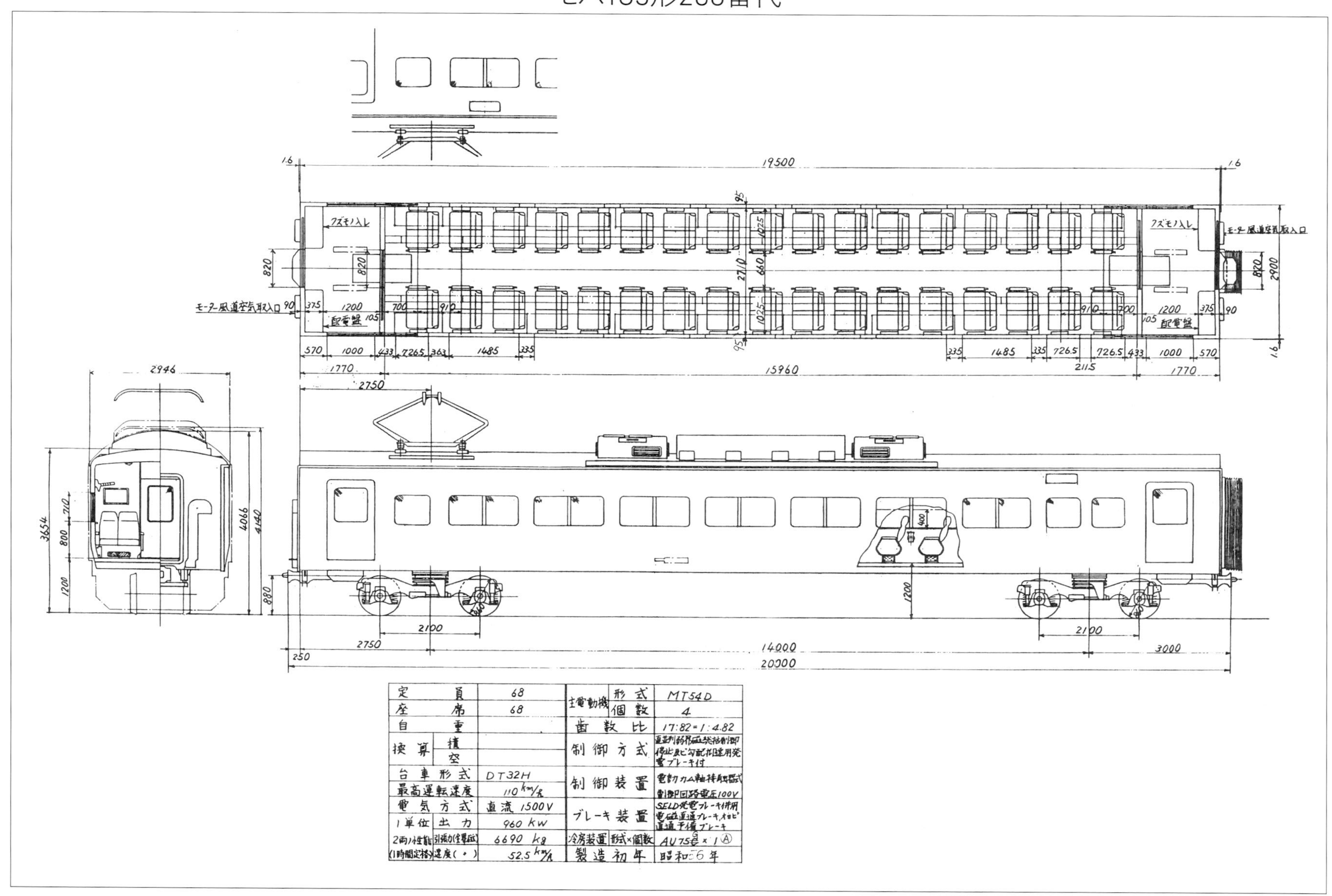

定員		68
座席		68
自重		
換算	積	
	空	
台車形式		DT32H
最高運転速度		110 km/h
電気方式		直流 1500V
1単位出力		960 kW
2両ノ性能（1時間定格）	引張力（全界磁）	6690 kg
	速度（〃）	52.5 km/h

主電動機	形式	MT54D
	個数	4
歯数比		17:82=1:4.82
制御方式		直並列弱界磁総括制御 停止及び勾配抑速用発電ブレーキ付
制御装置		電動カム軸接触器式 制御回路電圧100V
ブレーキ装置		SELD発電ブレーキ併用電磁直通ブレーキ,およびに直通予備ブレーキ
冷房装置	形式×個数	AU75G×1 Ⓐ
製造初年		昭和56年

3-1側から見たモハ184-5。車端部には洗面所があり、換気と明かり取り用の張り出し窓が付く。幕板部にMG用冷却風取入口がある。
東京　1981年6月2日　写真／大那庸之助

モハ184形

モハ185形とユニットを組む電動車。電動発電機（MG）と電動空気圧縮機（CP）など補機類を搭載する空機車である。MGは国鉄で初めてのブラシレスMGを搭載しており、CPはMH113B-C2000Mと標準的な組み合わせである。主電動機冷却風取入口は従来通り妻板に設けられている。

2位には便所、1位には洗面所が設けられており、モハ185形と連結した際には便洗面所はユニットの中間となる。定員は64人。

200番代のCPは誘導電動機を採用したMH3075A-C2000Mに変更されている。耐寒耐雪装備のため自重は0番代の44.1トンに対して44.2トンとなる。

上　2-4側から見たモハ184-12。2位には便所があるが、明かり取り窓はない。妻面に主電動機冷却風取入口と臭気抜き窓がある。
東京　1983年9月3日　写真／大那庸之助

下　湘南色のブロックパターンに塗色変更されたモハ184-21。写真は2-4側で、車端部には便所が設置される。
この部分に側窓はなく、小さなJRマークが貼り付けられている。　平塚　2010年6月15日　写真／中村 忠

上　3-1側から見たモハ184-221。0番代と比べ、MG起動装置やCP、補助抵抗器などが変更されている。
塗色もシンプルである。大宮　1982年6月23日　写真／大那庸之助

下　EXPRESS185カラーに塗色変更されたモハ184-201。
ブロックパターンの塗り分けが冷却風取入口のルーバーと重なる。　深谷　2010年4月22日　写真／中村 忠

モハ184形0番代

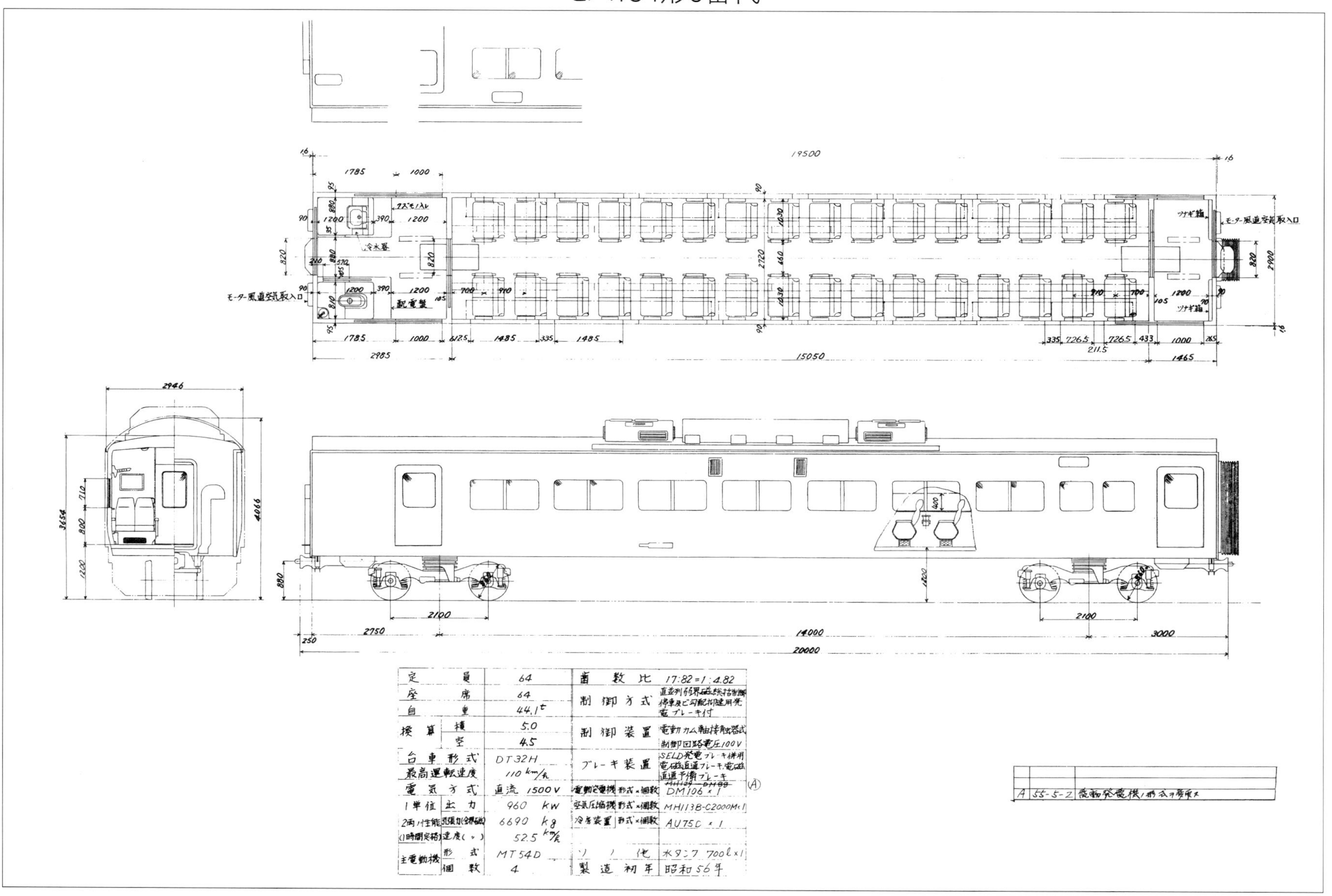

定員		64
座席		64
自重		44.1t
換算	積	5.0
	空	4.5
台車形式		DT32H
最高運転速度		110 km/h
電気方式		直流 1500V
1単位	出力	960 kW
2両ノ性能	引張力(全界磁)	6690 kg
(1時間定格)	速度(〃)	52.5 km/h
主電動機	形式	MT54D
	個数	4

歯数比		17:82=1:4.82
制御方式		直並列弱界磁総括制御 停車及ビ勾配抑速用発電ブレーキ付
制御装置		電動カム軸接触器式 制御回路電圧100V
ブレーキ装置		SELD発電ブレーキ併用電磁直通ブレーキ, 電磁直通予備ブレーキ
電動発電機	形式×個数	~~MH129 – DM88~~ DM106 × 1 (A)
空気圧縮機	形式×個数	MH113B-C2000M × 1
冷房装置	形式×個数	AU75C × 1
ソノ他		水タンク 700ℓ × 1
製造初年		昭和56年

モハ184形200番代

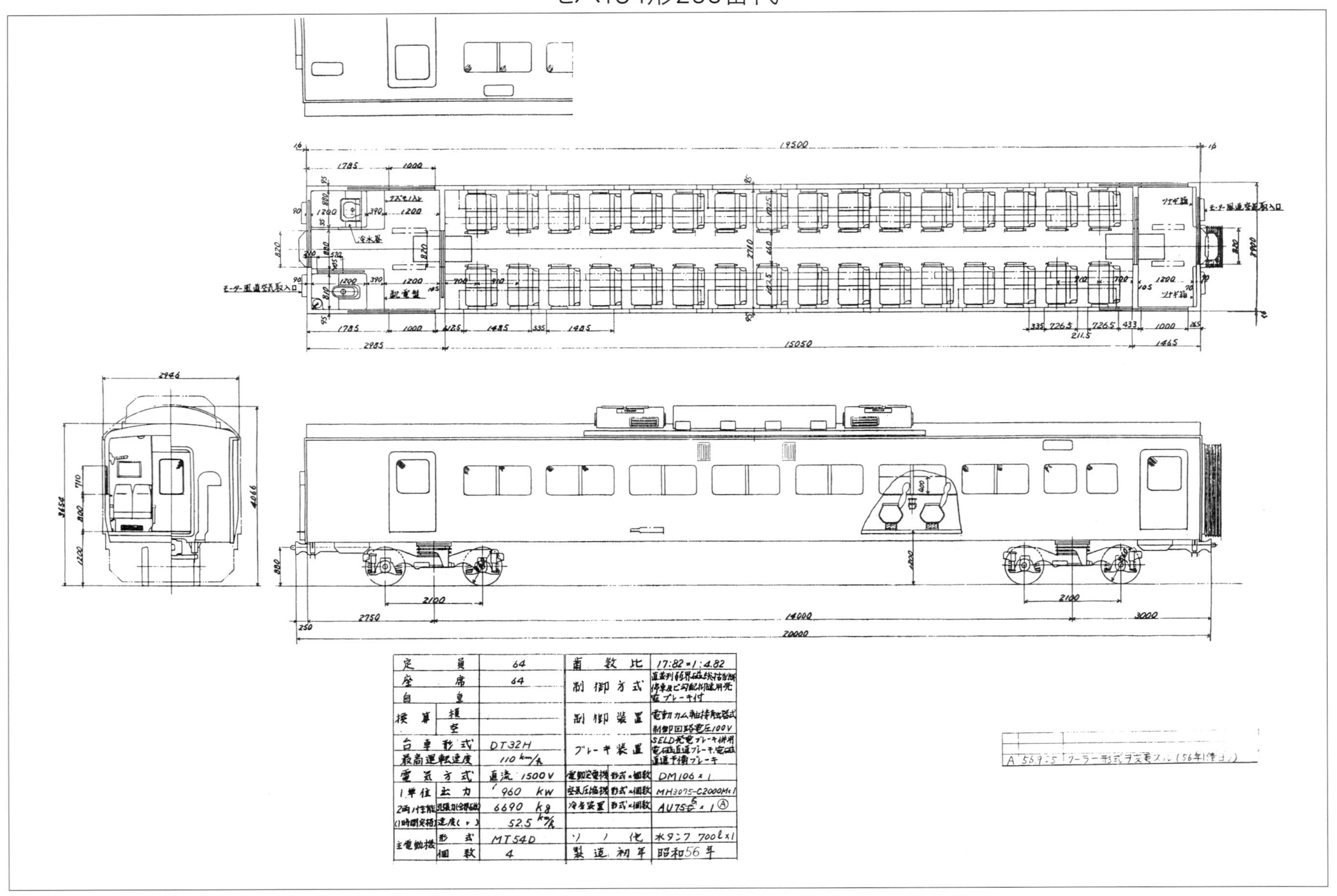

クハ185形

片渡り構造の先頭車で､4位に洗面所、3位に便所が設けられている。0番代は東海道本線上で東京向きの奇数車、100番代は大阪向きの偶数車、300番代は高崎線上で高崎向きの奇数車、200番代は大宮（上野）向きの偶数車となっている。奇数車と偶数車はジャンパ連結器の向きだけが違う構造となっている。このため、便洗面所付きとなしでクハ117形とクハ116形に形式が分かれた117系とは異なり、番代だけで区分されている。定員は56人。

前面形状は117系と似ているが、前面窓は117系より面積が広くなり、窓下の一段凹んだ部分に緑色のアクセントカラーが入るなど、201系と共通性のあるデザインとなっている。その部分に特急のシンボルマークが掲げられている。種別（愛称）表示器は117系に比べて窓面積が広くなった分やや下になり、前部標識灯は左右各2灯ずつだが、角形のケースに収められている。200番代の塗色は緑色帯が前部標識灯まで回り込んでいるため、真正面から見た際に大きく印象が異なる。

種別表示器の下にはタイフォンが収められたケースがあり､0番代ではスリット状だが、200番代では降雪対策として下側が開いたカバーが取り付けられている。塗色以外で0番代と200番代をハッキリ見分けられるのはこの点である。

なお、ホイッスルは運転台屋上に両番代ともに覆いを付けた状態で設置されている。0番代はスノープロウなし、200番代は台車にスノープロウが取り付けられているが、自重は36.2トンと同じになっている。

クハ185形の乗務員室外部見付

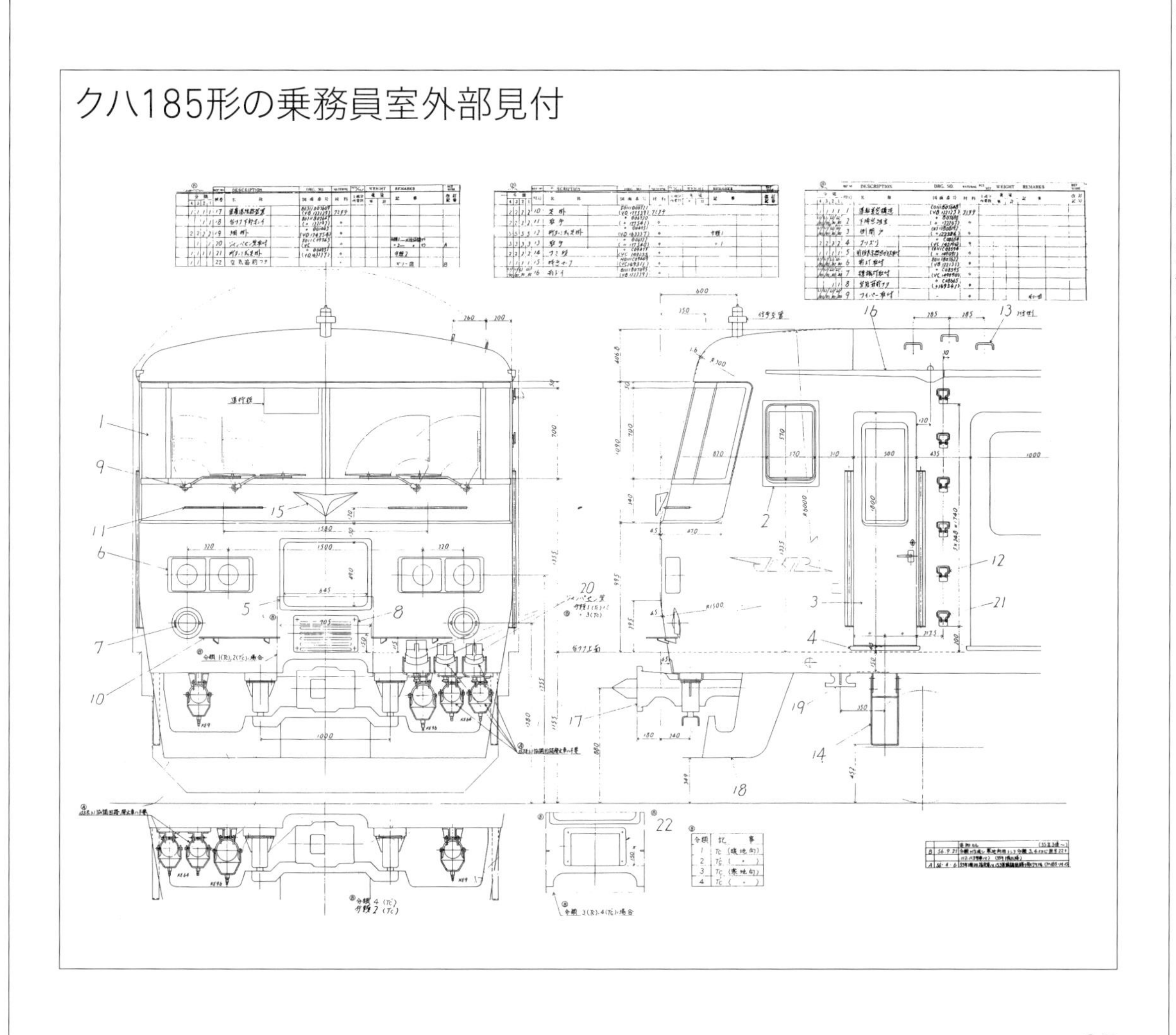

0番代の各車間ワタリ

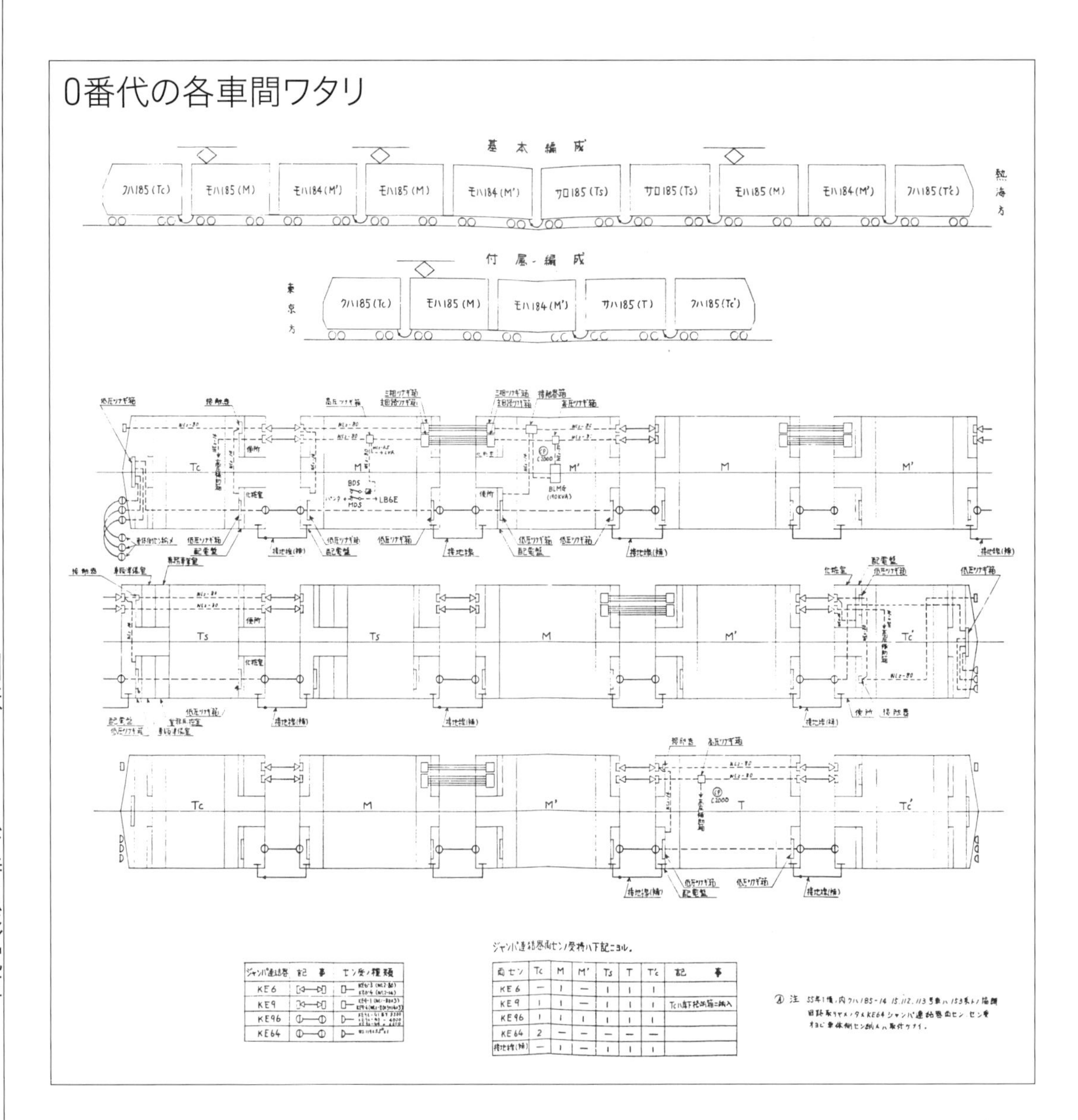

東急車輛製造で製造中のクハ185形。通常はスリットやカバーで覆われているタイフォンの位置がよく分かる。1982年4月
写真／森嶋孝司(RGG)

上　153系と併結する5両編成のクハ185-4。併結運転ができるように、KE64ジャンパ連結器が装備された。
東京　1981年6月29日　写真／大那庸之助

下　クハ185-106。153系との併結に使用されたKE64ジャンパ連結器栓納めがまだあり、3本並んでいる。　東京　1983年9月3日　写真／大那庸之助

上　ブロックパターンに塗色変更後のクハ185-11。田町電車区所属の編成のクハとサロの便所は、洋式に改造された。スカートが強化型に改造されている。　平塚　2010年6月15日　写真／中村 忠

下　登場間もない頃のクハ185-311。ジャンパ連結器は、EF63形や165系との連結に使用するKE64と185系同士のKE96を装備する。0番代のJNRマークは真鍮クロームメッキ製だったが、200番代は幕板部に塗装で入れられた。　大宮　1982年6月23日　写真／大那庸之助

上　ブロックパターンをまとう田町区のクハ185-212。クハ185形の200番代にはジャンパ連結器栓受けが設けられている。
深谷　2010年4月22日　写真／中村 忠

下　EXPRESS185カラーのクハ185-314。38ページ下段の写真と比べると、165系との連結用のKE64ジャンパ栓納めは撤去されているのが分かる。　深谷　2010年4月22日　写真／中村 忠

クハ185形0番代

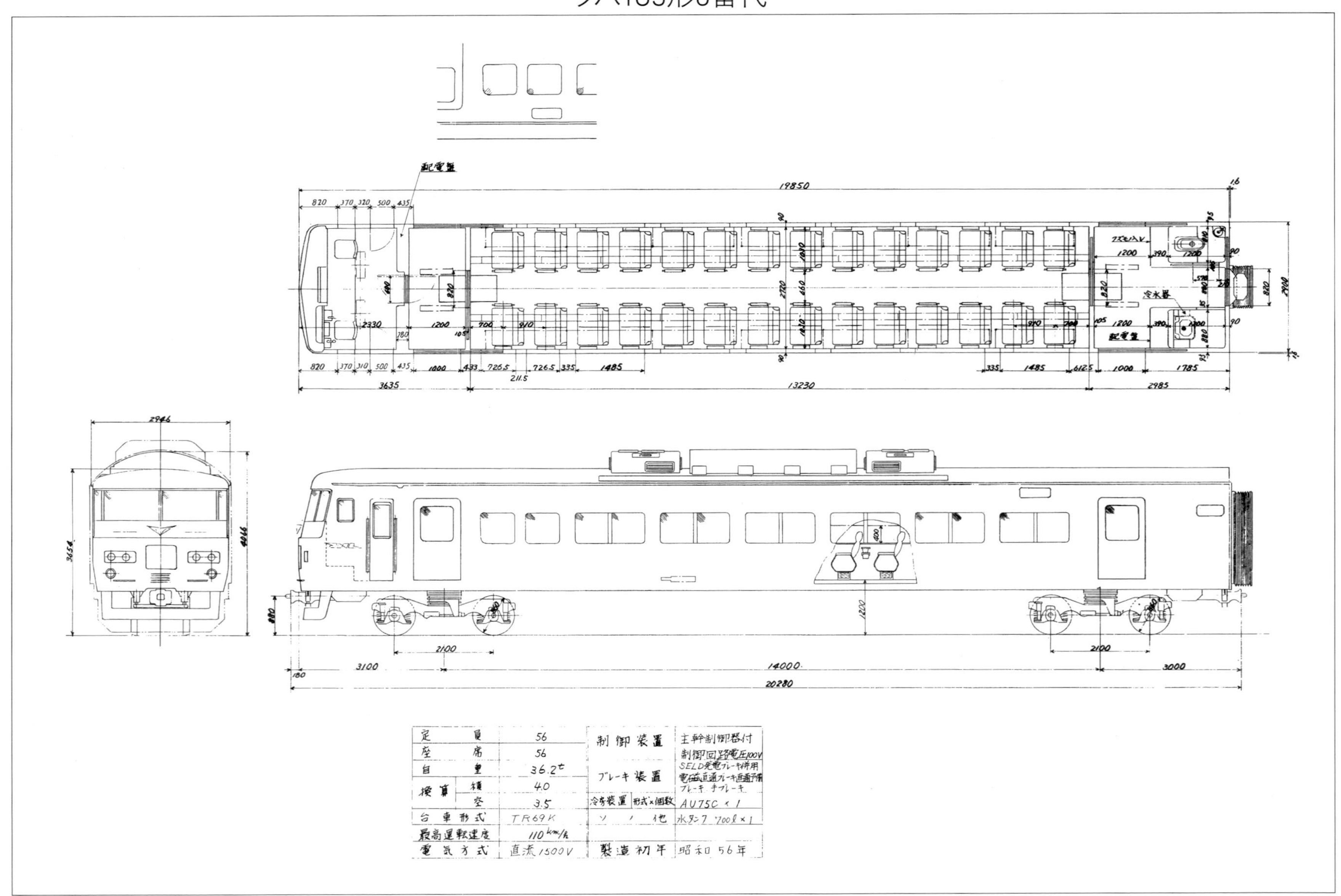

定員		56
座席		56
自重		36.2t
換算	積	40
	空	3.5
台車形式		TR69K
最高運転速度		110km/h
電気方式		直流1500V

制御装置		主幹制御器付 制御回路電圧100V
ブレーキ装置		SELD発電ブレーキ併用 電磁直通ブレーキ直通予備ブレーキ 手ブレーキ
冷房装置	形式×個数	AU75C×1
その他		水タンク700ℓ×1
製造初年		昭和56年

クハ185形200番代

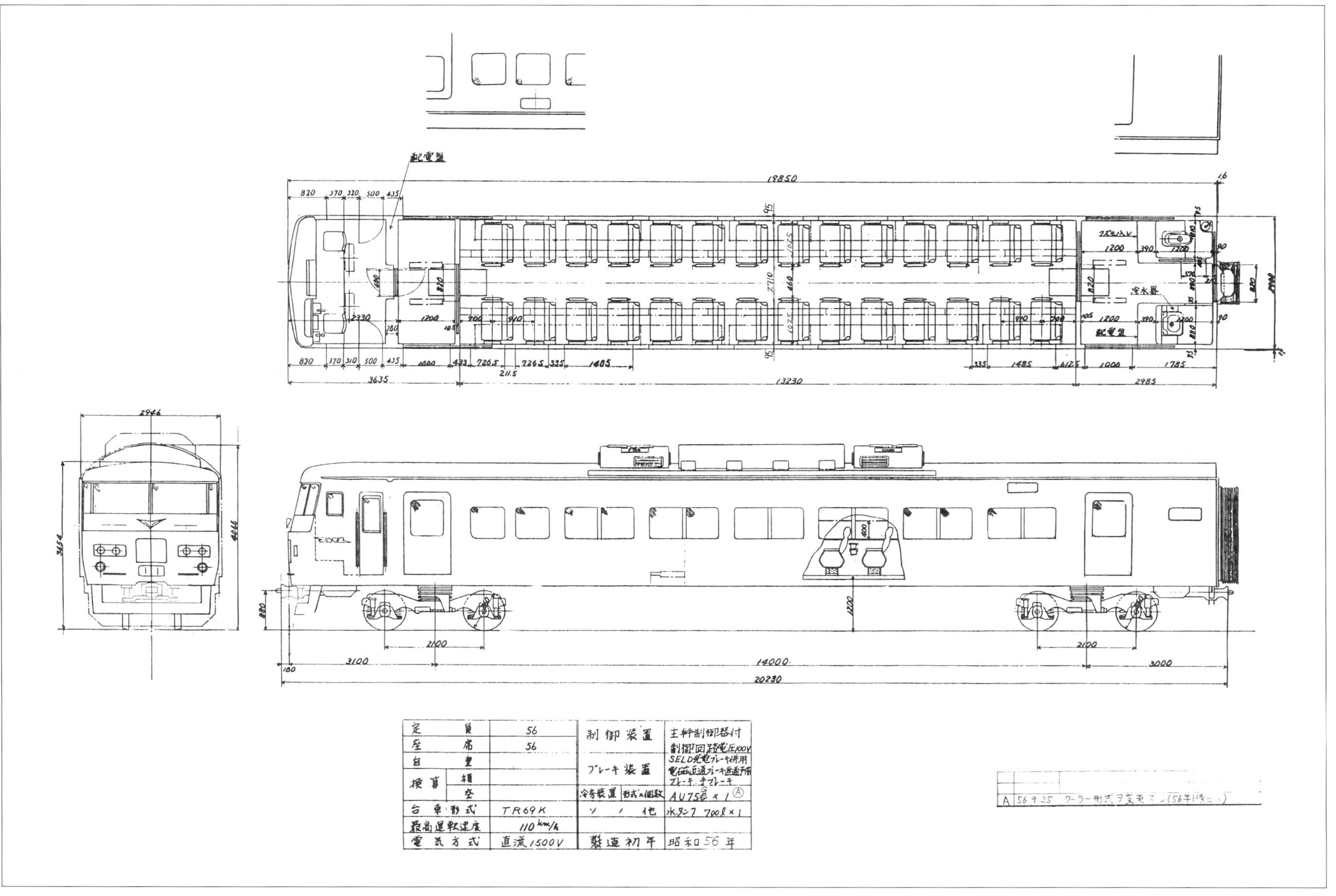

2-4側から見たサロ185-7。グリーンマークの部分に車販準備室があり、その隣の窓は業務用控室。
東京　1983年9月3日　写真／大那庸之助

サロ185形

グリーン車は、側窓が開閉式であるほかは、従来の特急形とほぼ変わらない設備を持っている。座席ごとの個別窓が並び、窓枠はレモンゴールドとなっているため普通車とはイメージが異なる。

側扉は片側1カ所で前位にあり、出入台内側には車販準備室、2位には業務用控室、1位には乗客専務車掌室がある。後位寄り4位には洗面所があり、明かり取りを兼ねた内折れ式の小型開閉窓があり、その上部には行先表示器が設置されている。

3位には便所があり、この部分には側窓がなく、臭気抜き排気口は妻面に設けられている。行先表示器以外は普通車の便洗面所も同様の構造となっている。

上　ブロックパターンに塗色変更後のサロ185-7。サロ185-1〜15のうち奇数番号の8両は、
塗色変更よりも前の1993〜94年に洋式便所に改造された。　茅ケ崎　2010年6月15日　写真／中村 忠

下　「新幹線リレー号」運用に入るサロ185-213。「新幹線リレー号」では、新幹線のグリーン券を持っている人と、高齢者、身体の不自由な人、
乳幼児連れの女性が利用できる優先車(シルバーカー)とされた。　大宮　1982年6月23日　写真／大那庸之助

上　4-2側から見たEXPRESS185塗色のサロ185-201。手前の4位に洗面所があり、行先表示器と内折れ式の小型開閉窓がある。
深谷　2010年4月22日　写真／中村 忠

下　サロ185-203は「新幹線リレー号」廃止後に田町電車区に転属したため、200番代だが湘南色のブロックパターンに塗色変更された。
レモンゴールドの窓枠がよくわかる。　根府川　2010年4月5日　写真／中村 忠

サロ185形0番代

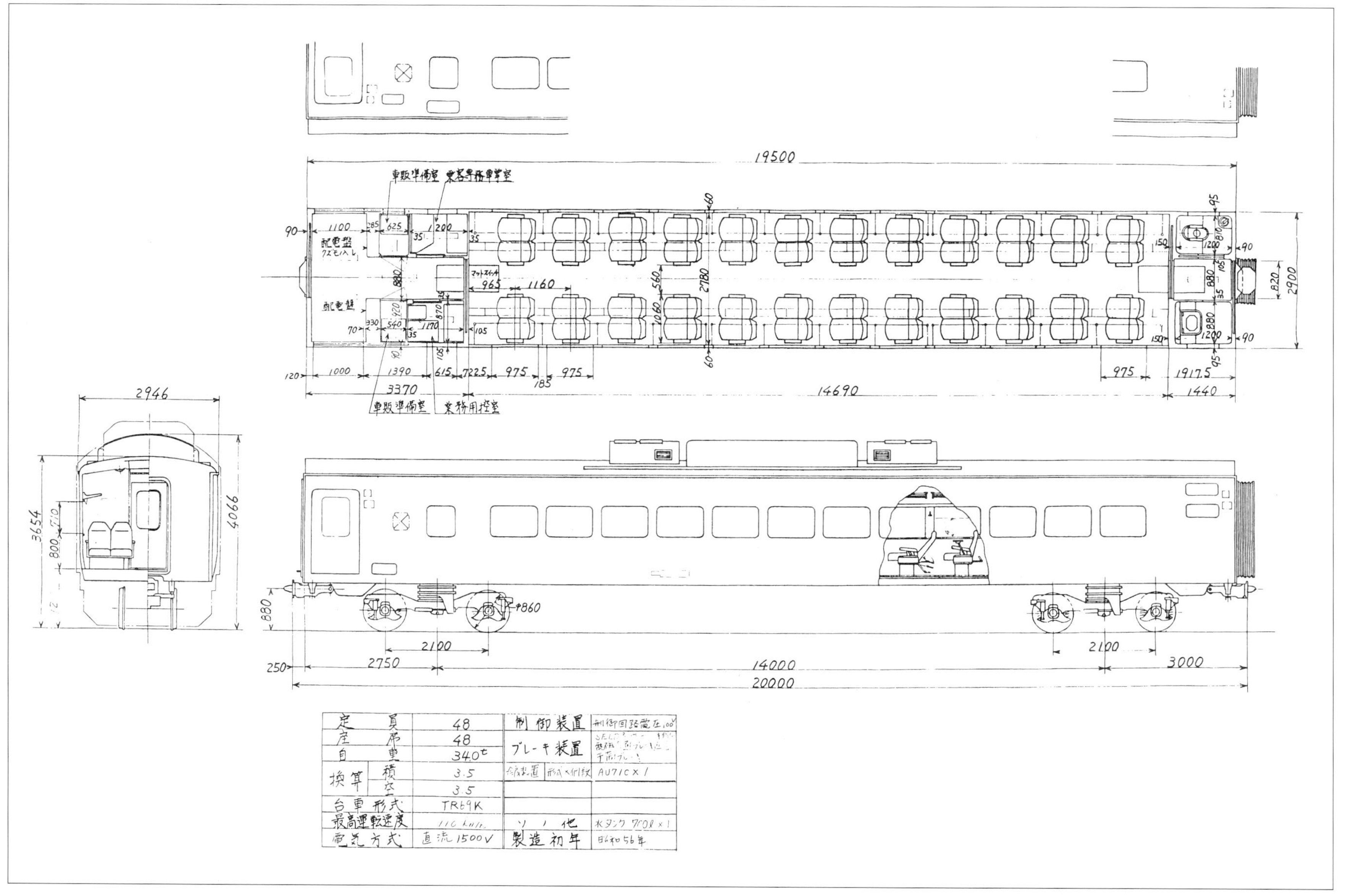
19500
車販準備室
乗客専務車掌室
配電盤
ワスモノ入レ
配電盤
マットスイッチ
1100
625
1200
965
1160
2780
2900
820
1000
1390
615
722.5
975
185
1917.5
1440
3370
14690
車販準備室
業務用控室
2946
3654
4066
800
710
φ860
880
250
2750
2100
14000
3000
20000
定員 48
座席 48
自重 34.0t
換算 積 3.5
換算 空 3.5
台車形式 TR69K
最高運転速度 110km/h
電気方式 直流1500V
制御装置
ブレーキ装置
冷房装置 AU71C×1
その他 水タンク 700ℓ×1
製造初年 昭和56年

サロ185形200番代

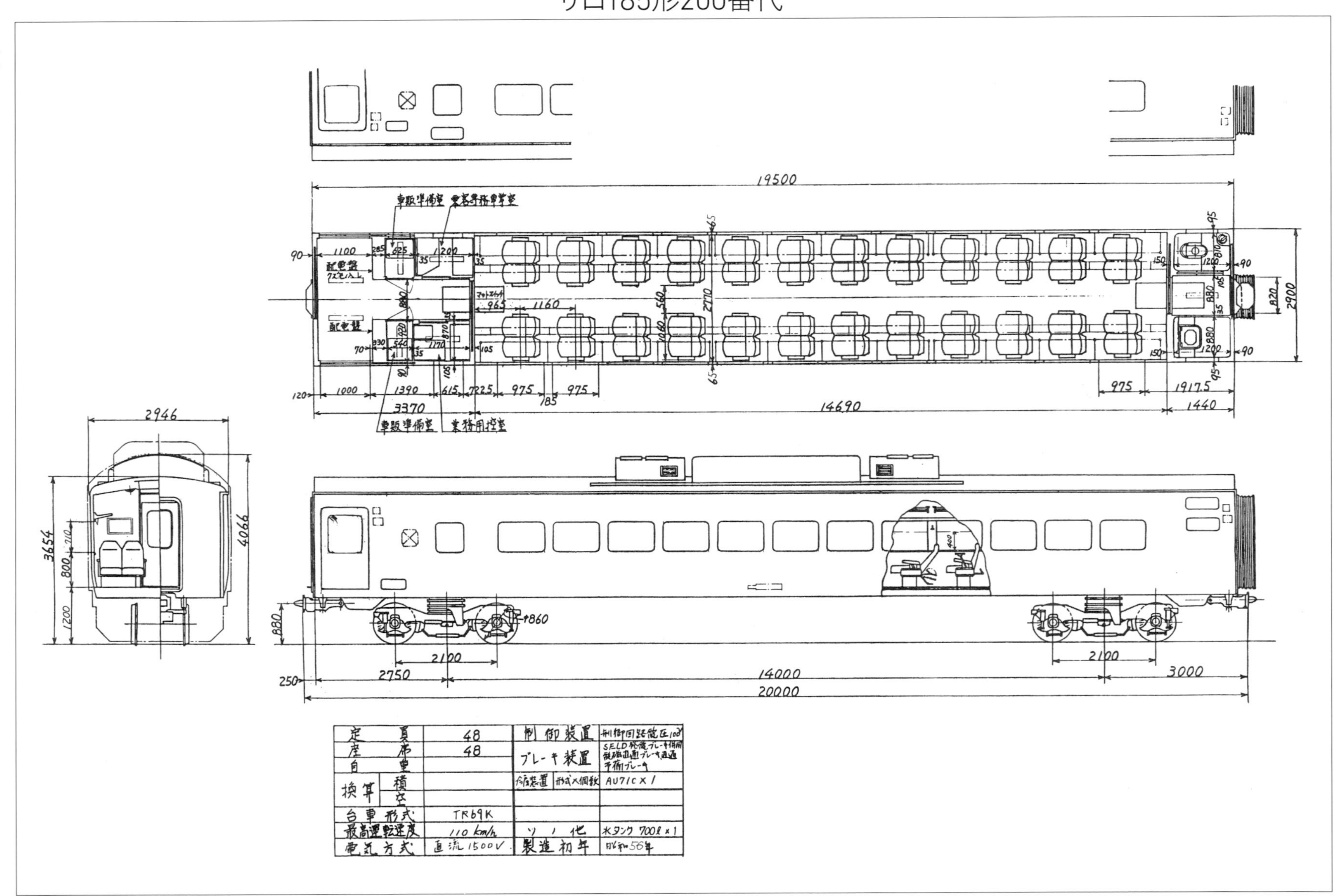

定員	48	制御装置	制御回路電圧100V
座席	48	ブレーキ装置	SELD発電ブレーキ併用 電磁直通ブレーキ直通予備ブレーキ
自重		冷房装置 形式×個数	AU71C×1
換算 積			
換算 空			
台車形式	TR69K		
最高運転速度	110 km/h	ツノ他	水タンク700ℓ×1
電気方式	直流1500V	製造初年	昭和56年

185系0番代の5両編成のみに連結される形式。全室が客室で便洗面所の設置はない。
写真は2-4側。サハ185-1　東京　1986年1月25日　写真／大那庸之助

サハ185形

付属5両編成用に製造された普通付随車。特急「踊り子」の付属編成にしか使用されないことから、わずか7両の少数派で、185系で最初に廃車されたのも本形式である。

車体はモハ185形と同様の構造となっている。付属編成はサハ185形が入ることで2M3Tとなるが、東海道本線東京口自体に急勾配区間がなく、乗り入れ先の伊豆箱根鉄道でも高速運転は行わないことから問題はない。

定員はモハ185形と同じく68人。便洗面所がないため水タンクや水揚装置がなく、床下機器は185系の中で最少。自重は33.6トンと、モハ185形に対し9.6トン軽い。なお、サロ185形の定員は48人、自重は34.0トンとなる。

上　3-1側から見たサハ185-2。側扉隣の客室窓は戸袋窓のため開閉しない。　東京　1981年6月29日　写真／大那庸之助

下　ブロックパターンに塗色変更後のサハ185-6。付属編成のみのため、全7両しか存在しない希少形式だ。
それ故か185系の廃車第1号となった。　小田原　2010年2月18日　写真／中村 忠

サハ185形0番代

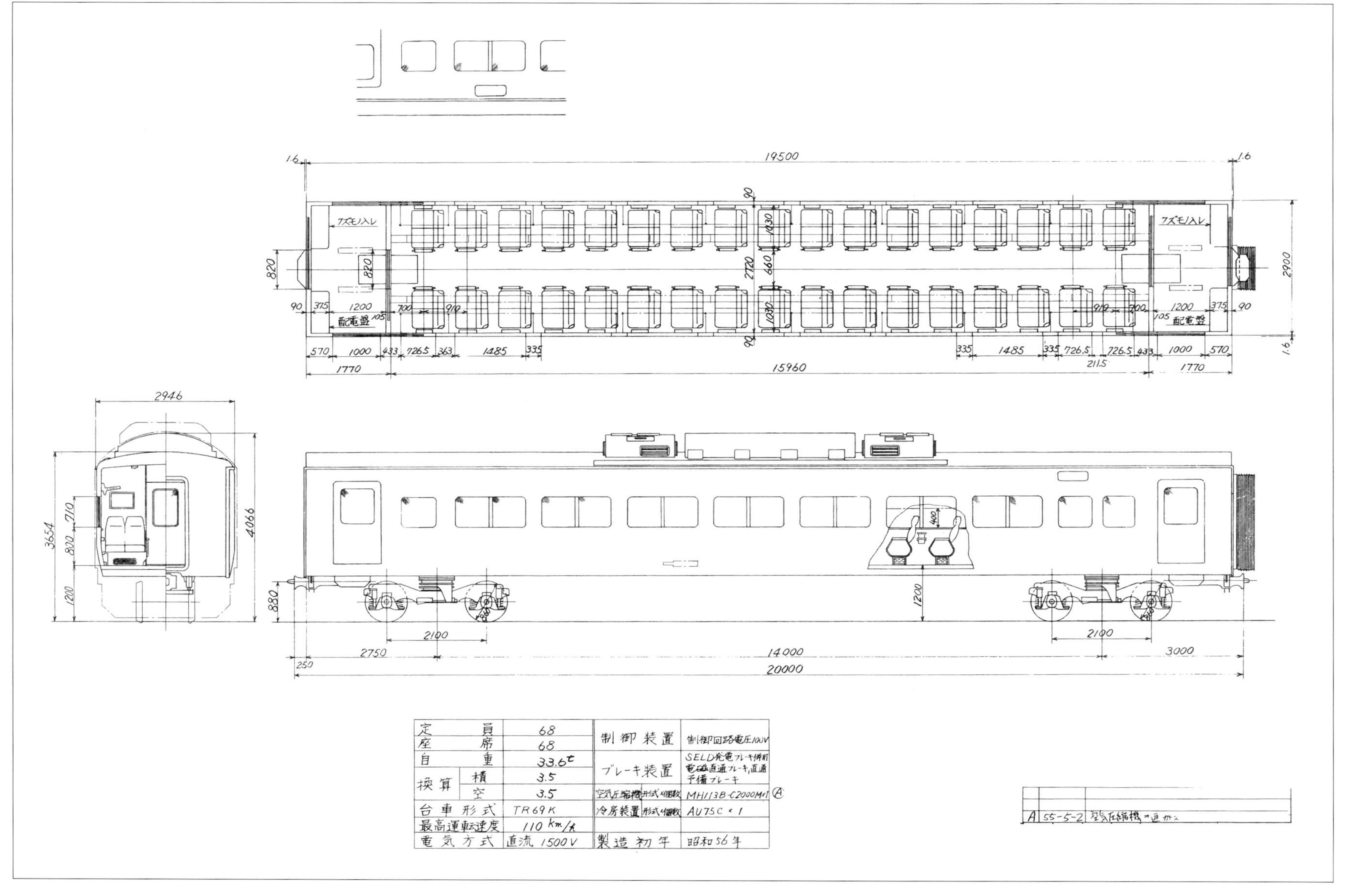

定員		68	制御装置	制御回路電圧100V
座席		68		
自重		33.6t	ブレーキ装置	SELD発電ブレーキ併用 電磁直通ブレーキ,直通 予備ブレーキ
換算	積	3.5		
	空	3.5	空気圧縮機 形式/個数	MH113B-C2000M×1 Ⓐ
台車形式		TR69K	冷房装置 形式/個数	AU75C×1
最高運転速度		110km/h		
電気方式		直流1500V	製造初年	昭和56年

185系の方向幕 1

田町電車区

急行「伊豆」のトレインマークを表示するクハ185-104。急行「伊豆」の表示はJR発足後もしばらく残っていた。東京　1981年6月29日
写真／大那庸之助

所蔵 ◉ 森 貴裕　複写 ◉ 高橋政士（50～57ページ）

0番代と一部の200番代が所属した田町電車区は、特急「踊り子」を受け持ったメインの車両基地である。この幕は登場間もない頃のもので、「踊り子」の愛称はまだ決まっていなかったことから、前半には特急「あまぎ」と急行「伊豆」があり、普通列車の行先の後で特急「踊り子」の行先が追加されたようだ。

↓

試運転

↓

臨　時

↓

団　体

↓

普　通

↓

特急 LIMITED EXPRESS あまぎ　東　京 FOR TŌKYŌ

↓

特急 LIMITED EXPRESS あまぎ　品　川 FOR SHINAGAWA ↗

特急 LIMITED EXPRESS あまぎ　小田原 FOR ODAWARA

↓

特急 LIMITED EXPRESS あまぎ　熱　海 FOR ATAMI

↓

特急 LIMITED EXPRESS あまぎ　伊　東 FOR ITŌ

↓

特急 LIMITED EXPRESS あまぎ　伊豆急下田 FOR IZUKYŪ-SHIMODA

↓

特急 LIMITED EXPRESS あまぎ　修善寺 FOR SHUZENJI

↓

急行 EXPRESS 伊豆　東　京 FOR TŌKYŌ

↓

急行 EXPRESS 伊豆　品　川 FOR SHINAGAWA ↗

急行 EXPRESS 伊豆　伊　東 FOR ITŌ

↓

急行 EXPRESS 伊豆　伊豆急下田 FOR IZUKYŪ-SHIMODA

↓

急行 EXPRESS 伊豆　修善寺 FOR SHUZENJI

↓

東　京 FOR TŌKYŌ

↓

品　川 FOR SHINAGAWA

↓

横　浜 FOR YOKOHAMA

↓

藤　沢 FOR FUJISAWA ↗

急行「伊豆」の増結編成に入るクハ185-4。側面の方向幕には『急行「伊豆」修善寺』と入る。東京　1981年6月29日　写真／大那庸之助

平塚 FOR HIRATSUKA
↓
国府津 FOR KŌZU

小田原 FOR ODAWARA

熱海 FOR ATAMI
↓
伊東 FOR ITŌ
↓
伊豆急下田 FOR IZUKYŪ-SHIMODA
↓
修善寺 FOR SHUZENJI
↗
沼津 FOR NUMAZU

静岡 FOR SHIZUOKA

島田 FOR SHIMADA
↓

浜松 FOR HAMAMATSU
↓

山北 FOR YAMAKITA
↓
御殿場 FOR GOTEMBA
↓
特急 LIMITED EXPRESS 踊り子 東京 FOR TŌKYŌ
↗
特急 LIMITED EXPRESS 踊り子 品川 FOR SHINAGAWA

特急 LIMITED EXPRESS 踊り子 小田原 FOR ODAWARA

特急 LIMITED EXPRESS 踊り子 熱海 FOR ATAMI

特急 LIMITED EXPRESS 踊り子 伊東 FOR ITŌ

特急 LIMITED EXPRESS 踊り子 伊豆急下田 FOR IZUKYŪ-SHIMODA

特急 LIMITED EXPRESS 踊り子 修善寺 FOR SHUZENJI

これ以上巻くな!!

185系の方向幕 2

新前橋電車区(急行時代)

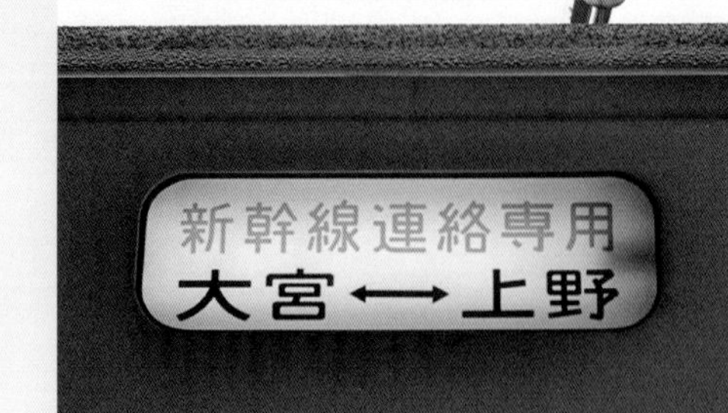

「新幹線リレー号」の方向幕を表示したクハ185-302。前面のトレインマークと同様のデザイン。上野　1982年11月15日　写真/大那庸之助

新前橋電車区の200番代のうち、初期に投入されたグループの方向幕。高崎・上越線系統の急行と普通の行先のほか、最後には「新幹線リレー号」の方向幕も用意された。

「急行」のトレインマークを表示したクハ185-308。大宮　1987年6月23日　写真／大那庸之助

高崎 FOR TAKASAKI

籠原 FOR KAGOHARA

↓

大宮 FOR ŌMIYA

↓

上野 FOR UENO

↓

急行 EXPRESS ゆけむり 石打 FOR ISHIUCHI

↓

急行 EXPRESS ゆけむり 越後湯沢 FOR ECHIGOYUZAWA

↓

急行 EXPRESS ゆけむり 水上 FOR MINAKAMI

↓

急行 EXPRESS ゆけむり 水上 高崎ー水上普通 FOR MINAKAMI

↗

急行 EXPRESS ゆけむり 上野 FOR UENO

急行 EXPRESS 草津 万座鹿沢口 FOR MANZAKAZAWAGUCHI

↓

急行 EXPRESS 草津 万座鹿沢口 渋川ー万座鹿沢口普通 FOR MANZAKAZAWAGUCHI

↓

急行 EXPRESS 草津 上野 FOR UENO

↓

急行 EXPRESS 草津 上野 万座鹿沢口ー渋川普通 FOR UENO

↓

急行 EXPRESS あかぎ 小山 前橋ー小山普通 FOR OYAMA

↓

急行 EXPRESS あかぎ 桐生 前橋ー桐生普通 FOR KIRYŪ

↓

急行 EXPRESS あかぎ 前橋 FOR MAEBASHI

↗

急行 EXPRESS あかぎ 上野 FOR UENO

急行 EXPRESS あかぎ 上野 小山ー前橋普通 FOR UENO

急行 EXPRESS あかぎ 上野 桐生ー前橋普通 FOR UENO

↓

急行 EXPRESS 軽井沢 中軽井沢 FOR NAKAKARUIZAWA

↓

急行 EXPRESS 軽井沢 上野 FOR UENO

↓

急行 EXPRESS 新前橋 FOR SHINMAEBASHI

↓

急行 EXPRESS 高崎 FOR TAKASAKI

↓

新幹線連絡専用 上野⟷大宮

↓

これ以上巻くな!!

特急「白根」のトレインマークを表示したクハ185-214(S228編成)。特急「白根」は新特急化される際に「新特急草津」に統合された。上野　1985年3月10日
写真/新井 泰

185系の方向幕 3

新前橋電車区(特急時代)

新前橋電車区の200番代のうち、後期に投入されたグループと思われる。「新幹線リレー号」と「急行」は1枚ずつで、新特急化される前の特急の幕が多く、末端区間が普通列車となるのも185系らしいといえる。季節特急の多さも特筆される。

↓

試運転

↓

臨　時

↓

団　体

↓

普　通

↓

新幹線連絡専用
上野⟷大宮

↓

特急 LIMITED EXPRESS 谷川 石打 FOR ISHIUCHI

↗

特急 LIMITED EXPRESS 谷川 越後湯沢 FOR ECHIGOYUZAWA

↓

特急 LIMITED EXPRESS 谷川 水上 FOR MINAKAMI

↓

特急 LIMITED EXPRESS 谷川 水上 高崎ー水上普通 FOR MINAKAMI

↓

特急 LIMITED EXPRESS 谷川 上野 FOR UENO

↓

特急 LIMITED EXPRESS 白根 万座鹿沢口 FOR MANZAKAZAWAGUCHI

↓

特急 LIMITED EXPRESS 白根 万座鹿沢口 渋川ー万座鹿沢口普通 FOR MANZAKAZAWAGUCHI

↓

特急 LIMITED EXPRESS 白根 長野原 FOR NAGANOHARA

↗

特急 LIMITED EXPRESS 白根 上野 FOR UENO

↓

特急 LIMITED EXPRESS 白根 上野 万座鹿沢口ー渋川普通 FOR UENO

↓

特急 LIMITED EXPRESS あかぎ 前橋 FOR MAEBASHI

↓

特急 LIMITED EXPRESS あかぎ 桐生 前橋ー桐生普通 FOR KIRYŪ

↓

特急 LIMITED EXPRESS あかぎ 小山 前橋ー小山普通 FOR OYAMA

↓

特急 LIMITED EXPRESS あかぎ 上野 FOR UENO

↓

特急 LIMITED EXPRESS あかぎ 上野 桐生ー前橋普通 FOR UENO

↗

写真のS221編成（クハ185-311以下）は東北新幹線先行開業直前の1982年6月の落成。大宮　1982年6月23日　写真／大那庸之助

特急 LIMITED EXPRESS そよかぜ 上田 FOR UEDA

↓

特急 LIMITED EXPRESS そよかぜ 中軽井沢 FOR NAKAKARUIZAWA

↓

特急 LIMITED EXPRESS そよかぜ 上野 FOR UENO

↓

特急 LIMITED EXPRESS 新雪 石打 FOR ISHIUCHI

↓

特急 LIMITED EXPRESS 新雪 越後湯沢 FOR ECHIGOYUZAWA

↓

特急 LIMITED EXPRESS 新雪 上野 FOR UENO

↓

特急 LIMITED EXPRESS 新前橋 FOR SHINMAEBASHI

↓

特急 LIMITED EXPRESS 高崎 FOR TAKASAKI

↗

水上 FOR MINAKAMI

↓

万座鹿沢口 FOR MANZAKAZAWAGUCHI

↓

長野原 FOR NAGANOHARA

↓

小山 FOR OYAMA

↓

桐生 FOR KIRYŪ

↓

前橋 FOR MAEBASHI

↓

新前橋 FOR SHINMAEBASHI

↓

中軽井沢 FOR NAKAKARUIZAWA

↗

↓

横川 FOR YOKOKAWA

↓

高崎 FOR TAKASAKI

↓

籠原 FOR KAGOHARA

↓

大宮 FOR ŌMIYA

↓

赤羽 FOR AKABANE

↓

上野 FOR UENO

↓

急行

↓

これ以上巻くな!!

185系の方向幕 4

新前橋電車区（新特急時代）

「新特急あかぎ」のトレインマークを掲げた新前橋電車区 S201編成。神保原〜新町間　写真／高橋政士

1985年に「新特急」が設定された後の、一番185系200番代らしいといえる方向幕。特急「そよかぜ」や長野行きの快速など、横軽越えの幕が含まれているほか、特急「モントレー踊り子」の幕も用意されている。

↓

試運転

↓

臨　時

↓

団　体

↓

普　通

↓

新特急 LIMITED EXPRESS 谷川　石　打 FOR ISHIUCHI

↓

新特急 LIMITED EXPRESS 谷川　越後湯沢 FOR ECHIGOYUZAWA

↗

新特急 LIMITED EXPRESS 谷川　水　上 FOR MINAKAMI

↓

新特急 LIMITED EXPRESS 谷川　水　上 高崎－水上間普通 FOR MINAKAMI

↓

新特急 LIMITED EXPRESS 谷川　上　野 FOR UENO

↓

新特急 LIMITED EXPRESS 谷川　上　野 水上－高崎間普通 FOR UENO

↓

新特急 LIMITED EXPRESS 草津　万座鹿沢口 FOR MANZAKAZAWAGUCHI

↓

新特急 LIMITED EXPRESS 草津　万座鹿沢口 渋川－万座鹿沢口間普通 FOR MANZAKAZAWAGUCHI

↓

新特急 LIMITED EXPRESS 草津　万座鹿沢口 高崎－万座鹿沢口間普通 FOR MANZAKAZAWAGUCHI

↗

新特急 LIMITED EXPRESS 草津　上　野 FOR UENO

↓

新特急 LIMITED EXPRESS 草津　上　野 万座鹿沢口－渋川間普通 FOR UENO

↓

新特急 LIMITED EXPRESS 草津　上　野 万座鹿沢口－高崎間普通 FOR UENO

↓

新特急 LIMITED EXPRESS あかぎ　前　橋 FOR MAEBASHI

↓

新特急 LIMITED EXPRESS あかぎ　桐　生 前橋－桐生間普通 FOR KIRYŪ

↓

新特急 LIMITED EXPRESS あかぎ　上　野 FOR UENO

↓

新特急 LIMITED EXPRESS あかぎ　上　野 桐生－前橋間普通 FOR UENO

↗

新特急
LIMITED EXPRESS
あかぎ
新前橋
FOR SHINMAEBASHI
新特急
LIMITED EXPRESS
草津
長野原草津口
渋川―長野原草津口間普通
FOR NAGANOHARAKUSATSUGUCHI
長野原草津口
FOR NAGANOHARAKUSATSUGUCHI
新特急
LIMITED EXPRESS
なすの
上野
FOR UENO
特急
LIMITED EXPRESS
踊り子
東京
FOR TŌKYŌ
特急
LIMITED EXPRESS
そよかぜ
中軽井沢
FOR NAKAKARUIZAWA
特急
LIMITED EXPRESS
そよかぜ
上野
FOR UENO
特急
LIMITED EXPRESS
踊り子
伊豆急
下田
FOR IZUKYŪSHIMODA
特急
LIMITED EXPRESS
踊り子
伊東
FOR ITŌ
特急
LIMITED EXPRESS
踊り子
前橋
FOR MAEBASHI
快速
長野
FOR NAGANO
水上
FOR MINAKAMI
万座鹿沢口
FOR MANZAKAZAWAGUCHI
長野原
FOR NAGANOHARA
新特急
LIMITED EXPRESS
草津
長野原
渋川―長野原間普通
FOR NAGANOHARA
桐生
FOR KIRYŪ
前橋
FOR MAEBASHI
新前橋
FOR SHINMAEBASHI
中軽井沢
FOR NAKAKARUIZAWA
軽井沢
FOR KARUIZAWA
横川
FOR YOKOKAWA
高崎
FOR TAKASAKI
籠原
FOR KAGOHARA
長野
FOR NAGANO
大宮
FOR ŌMIYA
上野
FOR UENO
快速
高崎
FOR TAKASAKI
これ以上巻くな!!

183系に代わって、貴賓車クロ157-1（4両目）の牽引車に抜擢された185系200番代。東京　1985年3月
写真／新井 泰

お召列車に使用された185系

新性能電車の発達に伴い、天皇や皇室、国賓などのご乗用に貴賓車クロ157-1が製造された。当初は157系に組み込まれて運転されてきたが、引退後は「あまぎ」の183系1000番代が引き継いだ。

その後、「あまぎ」から「踊り子」に変わり、183系1000番代も転属すると、今度は田町電車区の185系200番代が引き継いだ。クロ157-1は、当初は157系の準急色、次いで特急色に塗色変更されたが、185系と組むためアイボリー地に変更された。ただし緑色帯は斜めストライプではなく、200番代と同様のシンプルな横帯とされ、貴賓車にふさわしい落ち着いた装いとなった。

牽引車の変更にあたり、クロ157-1は国鉄特急色から185系200番代に準じた塗色に変更された。田町電車区　1987年4月　写真／岸本 亨

COLUMN

第2章

185系のディテール

関東で最後の国鉄時代に製造された特急形電車となった185系は、塗装された鋼製の車体、抵抗制御、2ハンドル式の運転台、枕バネのある空気バネ台車など、昔ながらの電車らしさが魅力の車両である。かつて「特急らしくない」と評された転換クロスシートの客室はリニューアル改造されて、特急として遜色のない内装設備を持つ。
185系200番代を徹底取材し、内外装はもちろん、抵抗制御時代の電車らしいメカニズムを細部まで記録した。

185系200番代OM09編成のすべて

文・写真 ◉ 高橋政士、林 要介(「旅と鉄道」編集部)
資料協力 ◉ 中村 忠
取材協力 ◉ 東日本旅客鉄道株式会社
取材 ◉ 2020年12月17日　大宮総合車両センター東大宮センター

185系の定期運用終了を前に、大宮車両センター東大宮センターにて、200番代OM09編成の取材を行った。元・新前橋電車区所属の編成で、リニューアル改造後は「EXPRESS 185」塗色をまとった。上野口特急からの離脱、大宮車両センターへの転属と編成の組み換え、ストライプカラーへの塗色変更を経て、最後まで7両編成で活躍した。

S229+S230編成から転配でOM09編成へ

15本目の200番代として落成「EXPRESS 185」にリニューアル

185系OM09編成は、1982(昭和57)年6月18日に東急車輛製造(現・総合車両製作所)で落成。新前橋電車区(現・高崎車両センター)にS229＋S230編成(4両＋3両編成)として新製配置された。落成から間もない6月23日には東北新幹線が大宮〜盛岡間で先行開業しており、本編成も、配属当初から「新幹線リレー号」に充当されたのだろう。なお、1編成に2つの編成番号が付されているのは、新前橋電車区の検修設備に7両編成のまま収めることができないため、4＋3両に分割されていた。

1985(1985)年3月14日に東北新幹線が上野まで開業すると「新幹線リレー号」は役目を終え、185系200番代も大役を退いた。4編成は田町電車区に転属したが、S229＋S230編成はその後も新前橋電車区に残り、上野口に新設された「新特急」で活躍をする。高崎線系統の「新特急谷川」「新特急草津」「新特急あかぎ」と、東北本線の「新特急なすの」に充当され、近郊区間の特急で運用された。

1987(昭和62)年4月1日の国鉄分割民営化ではJR東日本に承継され、引き続き新前橋電車区に配属された。幕板部に塗装で入れられたJNRマーク

雨の降る中、特急「踊り子」のマークを掲げて白糸川橋梁を渡る185系 OM09編成。根府川　2019年6月29日　写真／高橋政士

は塗りつぶされ、クハの便洗面所部分の壁面に灰色の大きなJRマークが入れられた。

特段、大きな変更のなかった185系200番代だが、1996(平成8)年から普通車の回転リクライニングシート化や車体色の変更などのリニューアル改造が行われた。本編成は96年7月11日に大宮工場(現・大宮総合車両センター)で施行され、この際に車体色は「EXPRESS 185」塗色に変更された。

転属、組み替え、塗色変更……目まぐるしく変化した2000年代

その後もつつがなく運転されてきたS229＋S230編成だが、車両基地の再編で、2006(平成18)年3月18日、大宮総合車両センター東大宮センターに転属。さらに同年4月23日に編成の組み換えが行われた。200番代は、信越本線横川〜軽井沢間の碓氷峠越えに対応するため、重量の重い電動車

185系200番代OM09編成 塗色と編成の変遷

185系200番代OM09編成は、これまでに1度の編成組み換えと、2度の塗色変更が行われている。それぞれの実施された時期など、本編成の略歴を図説する。

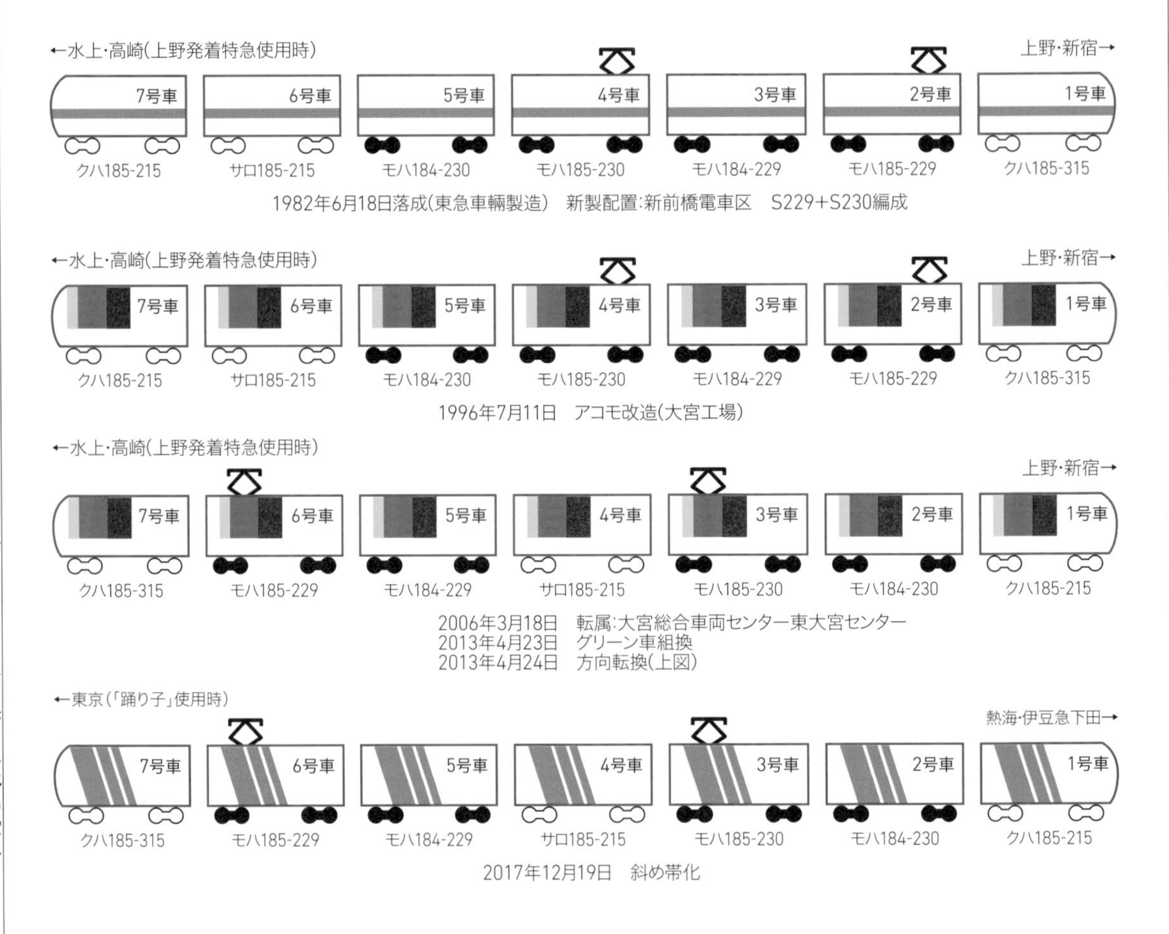

が横川側に集中した編成が組まれていたが、グリーン車を編成中央の4号車に変更。さらに翌24日には編成が元田町車に合わせて方向転換された。

2011(平成23)年から、0番代の車体色を登場時の斜めストライプカラーにする塗色変更が行われた。この車体色は東大宮センター所属の200番代にも順次波及したが、OM09編成は最後まで「EXPRESS 185」塗色をまとう編成となった。

2017(平成29)年12月19日に斜めストライプカラーに塗色変更されたが、長らく活躍してきた「あかぎ」「草津」などの高崎線系統の特急は前年の2016(平成28)年3月26日ダイヤ改正で全列車が651系1000番代に置き換えられており、塗色変更後は定期列車の「踊り子」や「湘南ライナー」を中心に、修学旅行列車や臨時快速といった波動輸送にも使用された。OM編成には6両編成や4両編成に組み替えられた編成もあるが、OM09編成は7両編成を維持した。

そして2021(令和3)年3月13日ダイヤ改正を前にした12日をもって、185系は「踊り子」の運用を終了、「湘南ライナー」が廃止されて、185系は定期列車から離脱した。OM09編成が充当された最後の定期列車は、12日の新宿発小田原行き「ホームライナー小田原21号」であった。その後も一部の185系は波動輸送用に残っているが、OM09編成は同年8月3日付で廃車となった。

「新特急草津」で高崎線を走る、オリジナル塗色のOM09編成。当時はS229＋S230編成を振られていた。神保原～新町間　1992年 写真／長谷川智紀

我孫子発着の臨時「踊り子」として常磐線を走るOM09編成。「EXPRESS 185」カラーを最後までまとった編成だった。金町～松戸間　2017年6月
写真／高橋政士

クハ185-215

当初は水上寄りに連結されていた制御付随車(偶数向き、Tc)。方向転換後は上野寄り先頭車となった。トレインマーク下の警笛に蓋が付くのは200番代の識別点。スカートは強化型に交換されている。前面助士側に列車番号表示器があり、その隣に編成番号札が下がる。

1号車になる制御付随車。登場時は水上寄り(上野駅基準)に連結されていたが、2001年の方向転換で上野・伊豆急下田寄りになった。

←上野　床下機器配置図は新製時の図から作成。向きは取材時のもの(以下同)　水上→

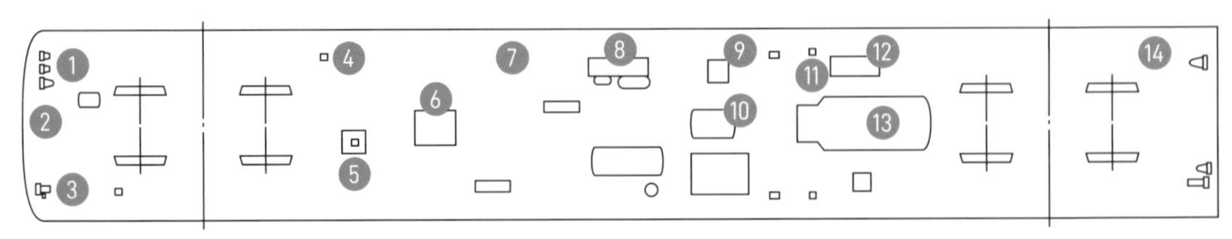

回転式リクライニングシートが並ぶ車内。客室内の写真は基本的に水上寄りから撮影。

1 制御回路用KE64(左2個)・KE96ジャンパ連結器

2 スカート、密着自動連結器

3 三相電源用KE9-1ジャンパ連結器

4 手歯止め

5 ATS車上子

6 中間連結器収納箱

7 ATS-P制御装置

8 C34Bブレーキ装置

9 S抑圧装置

10 制御・直通二室空気ダメ

11 給水口

12 水揚装置＋験水コック

13 水タンク

14 循環式汚物処理装置

モハ184-230

2号車に連結されている中間電動車で、185系のモハユニットでは空機車になる。床下機器では電動発電機や電動空気圧縮機、自動電圧調整装置が目立つ。客室は回転リクライニングシートが並ぶ普通車で、車両の水上寄りに便洗面所を設置する。

1　肘コック

2　第1元空気ダメ＋JMチリコシ

3　JMチリコシ＋第2元・供給二室空気ダメ

2号車になる中間電動車。登場時はグリーン車に隣接する5号車に連結されていた。

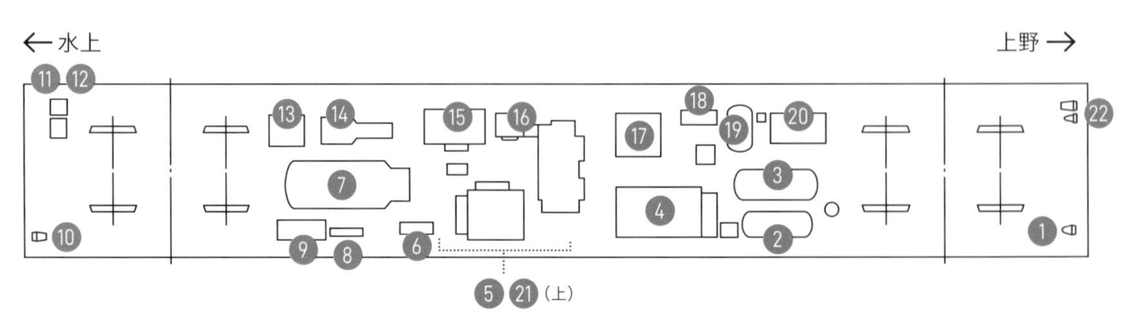

当初は転換クロスシートだったが、1996年に回転式リクライニングシートに換装された。

4 自動電圧調整装置

5 MG補助抵抗器＋DM106ブラシレスMG

6 電源誘導箱＋給水口

7 水タンク＋験水コック

8 接地スイッチ

9 水揚装置

10 循環式汚物処理装置

11 循環式汚物処理装置

12 洗面所排水管

13 D20除湿装置

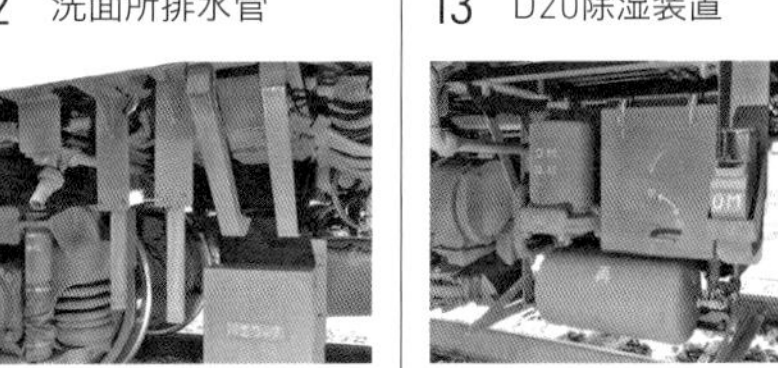

14 電動空気圧縮機

15 電動空気圧縮機吸気フィルタ

16 DM106ブラシレスMG吸気フィルタ

17 MG起動装置

22 主電動機冷却風取入口

18 整流装置＋S抑圧装置

19 直通・制御二室空気ダメ

20 C29Cブレーキ装置

21 MG冷却風取入口

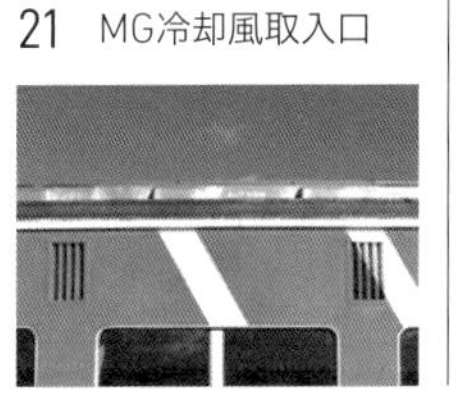

モハ185-230

3号車に連結されている中間電動車で、185系のモハユニットでは電機車になる。屋根上にPS21パンタグラフを搭載するが、ユニットの外側に配されるのが185系の特徴。床下には主制御器、主抵抗器などの重要な機器を搭載する。全室が客室で、便洗面所の設置はない。

3号車になる中間電動車。185系は電動車ユニットの外側にパンタグラフを搭載する。

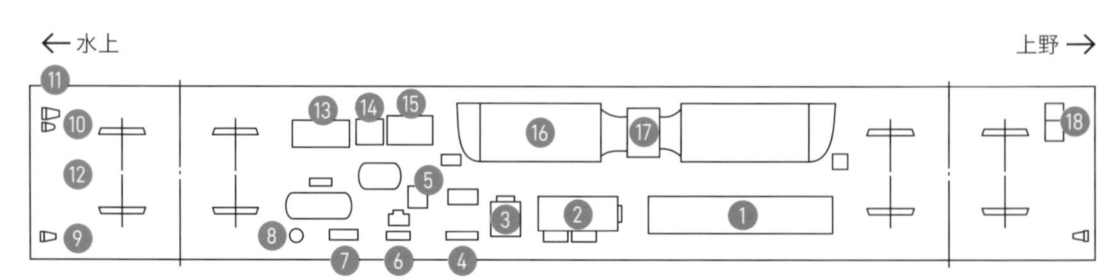

モハ185形は便洗面所がなく、全室が客室となるため、モハ184形よりも座席数が多い。

1　CS43A主制御器

2　断流器

3　誘導コイル

4　接地スイッチ

5　S抑圧装置

6　主回路ヒューズ

7　断路器

8　JMチリコシ＋供給空気ダメ

9　KE96ジャンパ連結器

10　KE9ジャンパ連結器

11　航送フック

12　連結器胴受

13　C29Cブレーキ装置

14　限流抵抗器

15　界磁抵抗器

16　MR136主抵抗器

17　MH3051＋FK81電動送風機

18　制御ジャンパ連結器

サロ185-215

編成の組み換えで、6号車から編成中央の4号車に移されたグリーン車。185系200番代では唯一の中間付随車であるため、床下はスカスカである。客室は回転リクライニングシートで、側窓は1列ごとに並ぶ。客用扉が片側1カ所だけの形式も、185系ではサロのみである。

4号車に連結される。185系200番代の編成中で唯一のグリーン車、かつ中間付随車である。

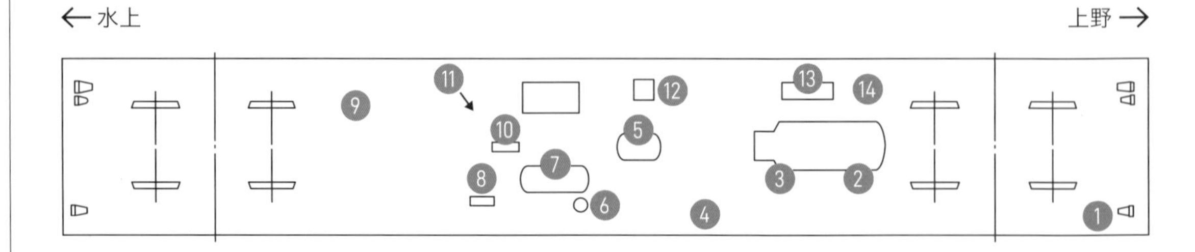

茶系モケットの座席が並ぶグリーン車。編成中で唯一、通路にじゅうたんが敷かれている。

1 循環式汚物処理装置

2 水タンク(700L)

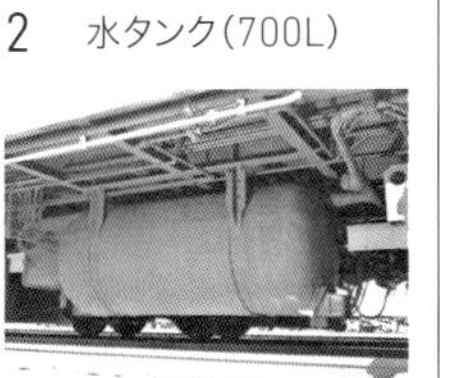

3 水タンク(別角度から)

4 験水コック

5 制御・直通二室空気ダメ

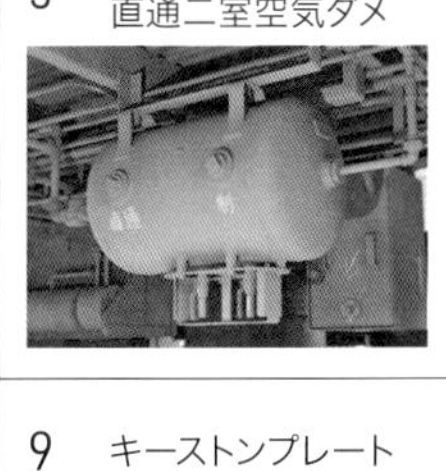

6 JMチリコシ+供給空気ダメ

7 供給空気ダメ(別角度から)

8 接地スイッチ

9 キーストンプレート

10 供給空気ダメ+D1電磁吐出弁

11 D1電磁吐出弁

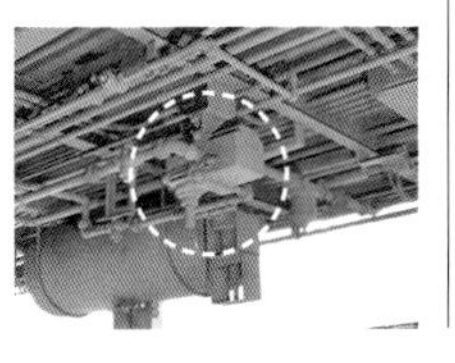

12 S抑圧装置+直通・制御二室空気ダメ

13 水揚装置+水タンク

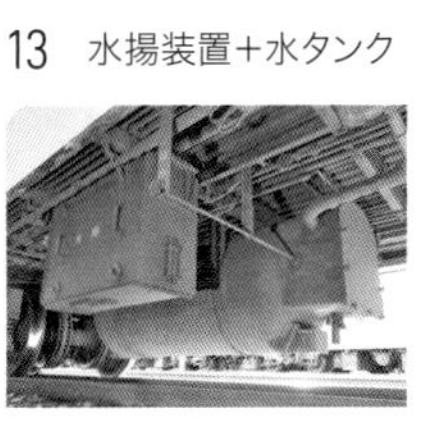

14 水揚装置+水タンク

モハ184-229

5号車に連結されている中間電動車で、2号車と同じモハ184形200番代である。185系200番代では、7両編成にモハユニットが2組連結されていて、機器や内装に違いはないので、ここでは床下機器の詳細は割愛する。

5号車になる中間電動車。床下機器など、基本的な仕様はモハ184-230と同じである。

回転式リクライニングシートが並ぶモハ184-229の客室。

モハ185-229

6号車に連結されている中間電動車で、3号車と同じモハ185形200番代である。屋上にパンタグラフを搭載するが、OM09編成は185系のオリジナルのPS16からPS21に換装されている。左のモハ184-229と同じく、ユニットによる差異はないので、床下機器の詳細は割愛する。

6号車になる中間電動車。基本的にはモハ185-230と同じ車両で、パンタグラフを搭載する。

モハ185形の客室。写真に写っていないが、左手前の座席(16列)の荷物棚部には行先表示器が設置されている。

クハ185-315

水上寄り先頭車に連結される制御付随車（奇数向き、T'c）。運転席側のスカートに、ジャンパ連結器納めがあるのが偶数車の特徴である。下の写真は前灯と尾灯が点灯しているが、これはクハ185-215を進行方向に設定すると、両先頭車で前灯のみを点灯することができないため（77ページ参照）。

1　水タンク（700L）

7号車になる制御付随車。方向転換前は上野寄りに連結され、碓氷峠登坂時はEF63形と連結した。

←水上　　上野→

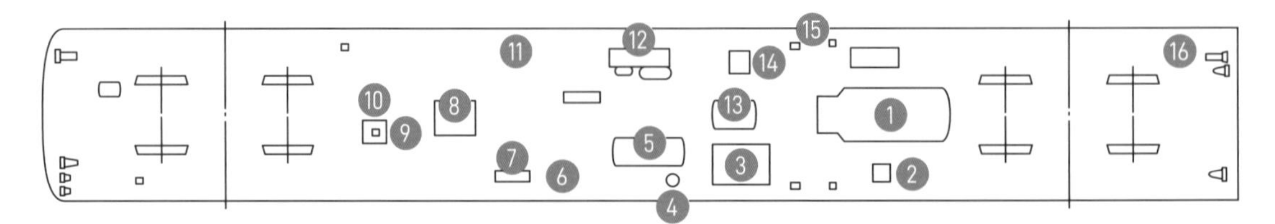

クハ185-315の客室。基本的にはクハ185-215と同様である。

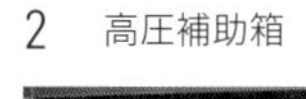

2 高圧補助箱

3 蓄電池箱

4 JMチリコシ+供給空気ダメ

5 供給空気ダメ

6 S39乙気圧スイッチ

7 接地スイッチ

8 ジャンパ連結器格納箱

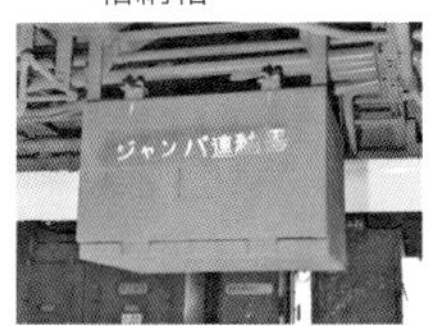

9 逆止弁

10 ATS車上子

11 ATS-P制御装置

12 C34Bブレーキ装置

13 直通・制御二室空気ダメ

14 S抑圧装置

15 水揚装置+水タンク

16 循環式汚物処理装置+KE9+KE6

EF63形と連結する装備

クハ185-315は方向転換前は上野寄りに連結されていて、信越本線の碓氷峠を走行する際は、EF63形と連結されていた。185系は協調運転は行わないが、空気バネのパンクの確認や、信号確認の連絡電話、ブザ回路構成などのために、165系併結用のKE64(EF63形側はKE63)ジャンパ連結器を連結した。

EF63形に牽引され、碓氷峠を降りる185系200番代。
横川～軽井沢間　1989年　写真／長谷川智紀

右2つは165系との併結用に使用されたKE64ジャンパ連結器栓受け。EF63形と連結運転する際にも使用する。165系と併結がなくなった後でも残されていたのはEF63形との連結のためだ。KE64ジャンパ栓納めの取付座が残る(右囲み)。左囲みは185系同士の連結に使用されるKE-96ジャンパ連結器。車体側に付くのは使用しないジャンパ連結器を納める「栓納め」。床下側にあるのが「栓受け」である。

運転室

185系の運転席は、床面から370mm高い位置に設けられた高運転台である。特急形にしては低く感じられるが、実際に立つと想像以上に視線は高い。運転台は2ハンドル式で、6連のメーターが並ぶ、昔ながらの運転席の姿である。

クハ185-215の運転室。非貫通型の高運転台で、583系などの貫通型で高い位置にある運転室に比べて広くゆったりしている。

勾配抑速ブレーキを制御するMC53主幹制御器。クハ481形のMC44、115系などのMC37Aと互換性がある。反時計回りで抑速ブレーキが作動。

横棒がEBリセットスイッチ。右からATS確認ボタン、乗務員室灯、前灯減光、前灯、パンタ下げ

クハ185-215の運転台。ブレーキ弁は201系と同じME49。外観は103系ATC車のME48と同様だが、内部構造を変えて操作性と保守性を改善している。185系では先頭運転台を決定する切換スイッチがなく、マスコンキーとブレーキハンドルを直通帯に置くことで運転台を決定する。写真はこの運転台が選択されている状態で、74ページの写真で尾灯が点灯しているのはこのため。特急形では185系のみが採用する。

運転室の機器配置図(新製時)

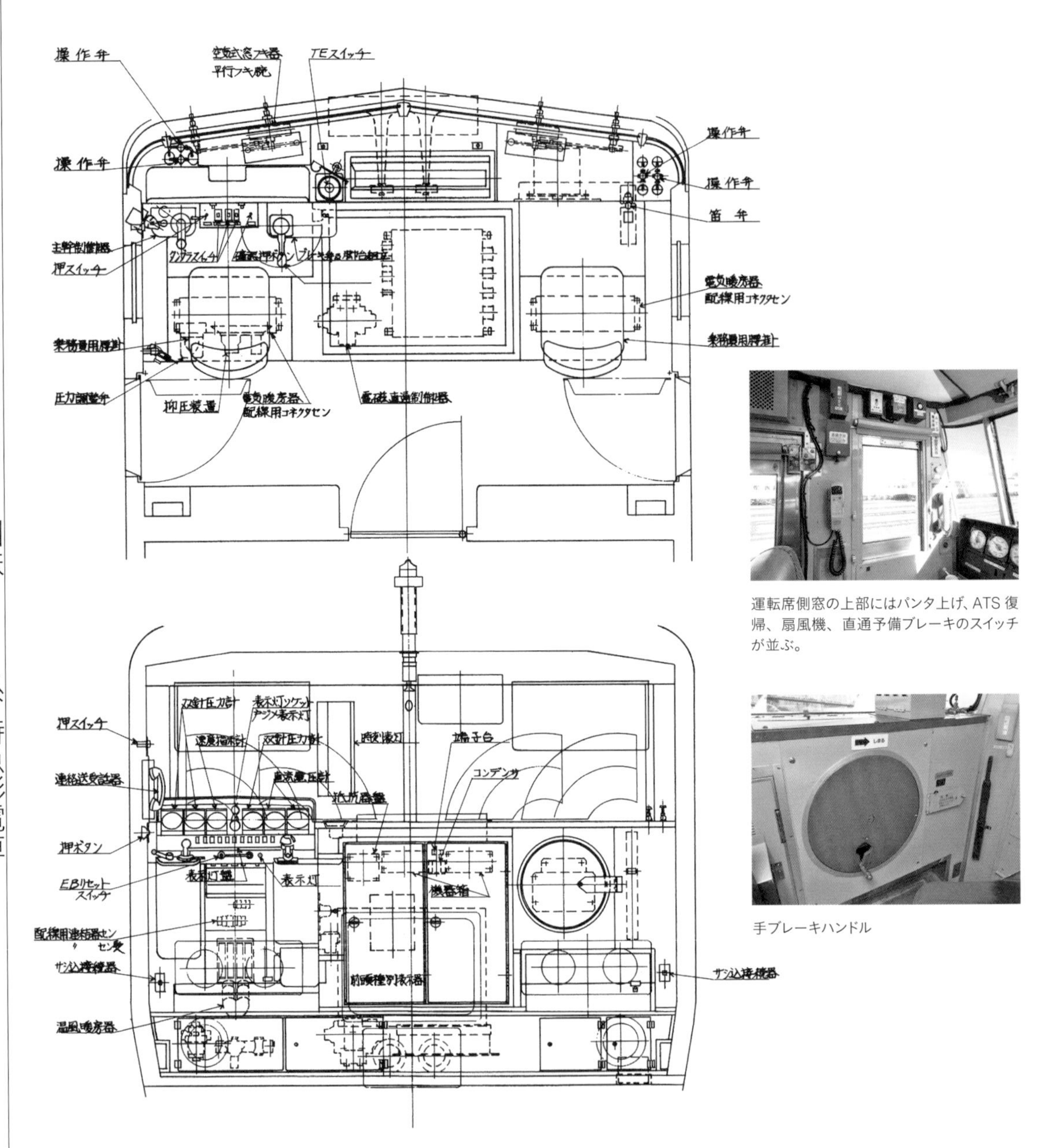

運転席側窓の上部にはパンタ上げ、ATS 復帰、扇風機、直通予備ブレーキのスイッチが並ぶ。

手ブレーキハンドル

運転室の背面上部には、165系と協調運転をする操作盤がある。0番代では153系に対応する。

高運転台の助士席側床下にある連結器防雪カバー入れ

出入台から客室への自動扉フットスイッチ跡(現在は使用しない)

国鉄185系特急形電車

クハ185-315の助士席側。背面にはトレインマーク、行先表示器の操作盤がある。

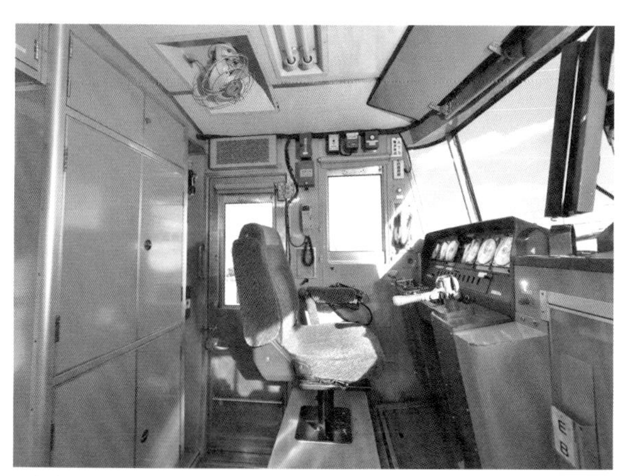

運転席の座席は長距離の乗務でも快適なものに交換されている（登場時は20ページ）。天井に扇風機が付く。

行先表示指令器

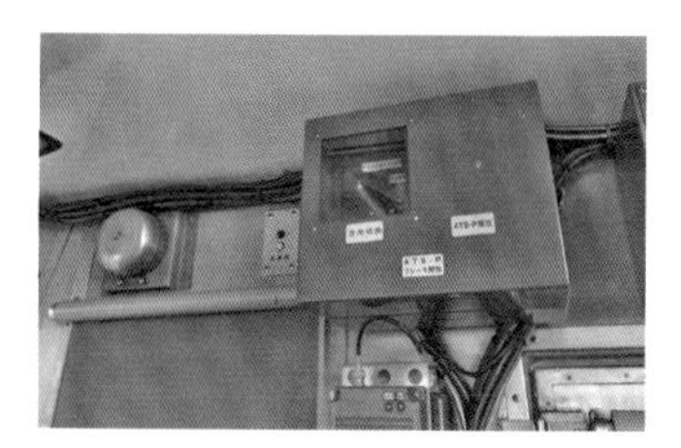

助士席側上部にはATS-P方向切換スイッチやATSのベルが付く。

LED式に交換された列車番号表示器

列車番号表示器＋車両用信号炎管

普通車

登場時は、転換クロスシートが「特急らしくない」と評されたが、1996年のリニューアル改造で回転式フリーストップリクライニングシートが並ぶ、特急らしい内装になった。それでも開閉可能な側窓など、随所に特徴が残る。

1996年のアコモ改造で換装された、2＋2列配置の回転式リクライニングシート。席間にはひじ掛けが付く。

座席のモケット色と合った、ブルーグレー系カラーの普通車妻面。妻面側の席用のテーブルは固定式。仕切引戸を全開した際に、取手が収まる切り欠きが仕切壁にある。

回転式リクライニングシートを向かい合わせにした様子。リクライニング調節レバーはひじ掛け先端に付く。

座席をリクライニングさせ、背もたれのテーブルを出したところ。座席換装後は、特急車らしい内装になった。

特急らしくない、といわれた1段上昇式の側窓。窓サッシは銀色。横引き式のカーテンが付く。

客室とデッキの仕切扉の開閉は扉上部のセンサー式となったが、床のフットスイッチも残る。

グリーン車

グリーン車は登場時から回転リクライニングシートを備えていたが、リニューアル改造でバケット型の腰掛に換装された。妻壁面は、当初は全車が木目調だったが、現在はグリーン車のみである。

ゆったりとした回転式リクライニングシートが備わるグリーン車。座席は大柄だが、席間にひじ掛けは付かない。

グリーン車の妻面は木目調の壁面で、高級感がある。大型のテーブルと格納式のフットレストが備わる。

リクライニング角度が大きなグリーン車。前席からテーブルと格納式フットレストを出したところ。

サロ185-215のデッキ。トイレや車掌室があるため、客席までの通路が長い。

グリーン車の窓も開閉可能。窓のサッシはグリーン車のみレモンゴールドに着色されている。

自動ドアのフットスイッチには、「EXPRESS 185」時代のマットが残る。

客室設備

普通列車でも使用するため、開口幅が1000㎜と広い客用扉が185系の特徴。便洗面所はモハ185形以外に設置するが、普通車はすべて和式トイレであった。

クハ185-315とモハ185-229の間のデッキ。クハ185形には便洗面所が備わる。

客室の上部には自動ドアのセンサーと、手動・自動の切換スイッチが付く。

185系の特徴のひとつ、1000mm幅の客用扉。近年はバリアフリー対応で、珍しくない幅になった。外側はステンレス、内側はアルミで、内部は特殊紙のハニカム構造となっている。

普通車の洗面所。蛇口は自動センサー式。

グリーン車の洗面所も、普通車と違いはない。

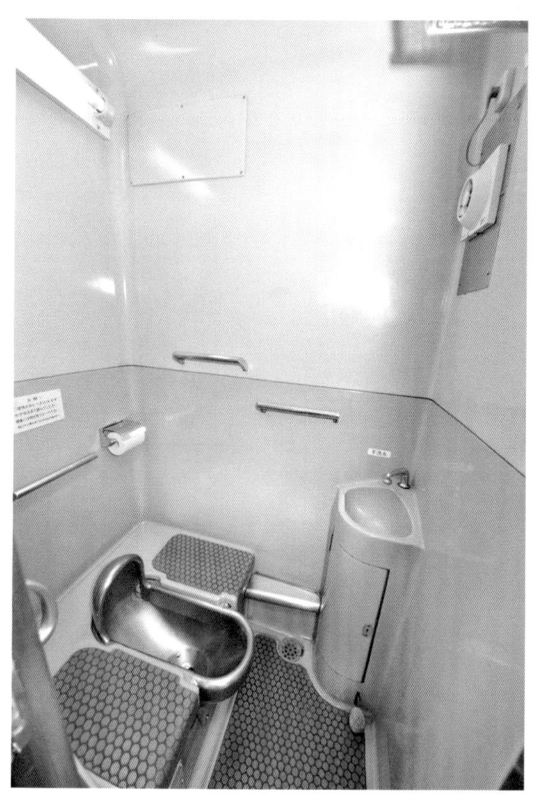

OM 編成では、普通車のトイレは和式である。

グリーン車のトイレは洋式に改造され、壁面が塗装されている。

車掌室

サロ185形には専務車掌室を設置。46ページの図の通り、1位側が車掌室で、2位側は車掌業務もできる業務用控室とされている。また、車掌室、業務用控室に隣接して車販準備室が設置されている。

4号車のサロ185形に設置されている車掌室。

車掌室の内部を、俯瞰気味に撮影。天井に扇風機が付く。

車掌室の壁面には乗務員間の受話器や室内灯、冷暖房などのスイッチ、側面にはドア開閉用の車掌スイッチが付く。

業務用控室の隣は車販準備室で、流し台が設けられている。末期は使用停止。

車掌室の反対側は業務用控室。壁面に車掌スイッチがあり、車掌室とは反対側のホームで車掌業務を行う際に使用する。

業務用控室の名の通り、車掌業務ができるほか、棚が設置されて非常時に使用するものやヘッドレストカバーのストックが置かれている。

トレインマーク

前面には幕式の愛称表示器（正式名称は前頭種別表示器）を設置。OM09編成は、最終的に14絵柄を用意。かつて充当されていた「あかぎ」「草津」「水上」のEXPRESS 185時代のマークも残されている。

運転室の背面に設置されている総括指令器。左は自編成、右は併結する他編成のもの。ダイヤルを番号の位置に回してスイッチを押すと、側面の行先表示器が指定した位置まで回転する。

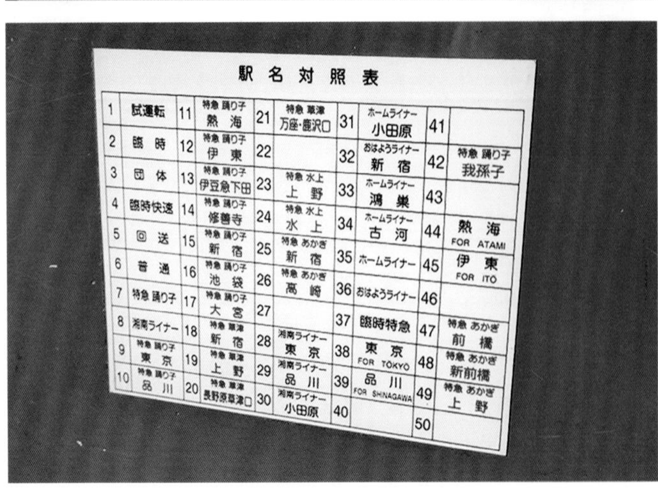

駅名対照表

1	試運転	11	特急 踊り子 熱海	21	特急 草津 万座・鹿沢口	31	ホームライナー 小田原	41	
2	臨時	12	特急 踊り子 伊東	22		32	おはようライナー 新宿	42	特急 踊り子 我孫子
3	団体	13	伊豆急下田	23	特急 水上 上野	33	ホームライナー 鴻巣	43	
4	臨時快速	14	特急 踊り子 修善寺	24	特急 水上 水上	34	ホームライナー 古河	44	熱海 FOR ATAMI
5	回送	15	特急 踊り子 新宿	25	特急 あかぎ 新宿	35	ホームライナー	45	伊東 FOR ITO
6	普通	16	特急 踊り子 池袋	26	特急 あかぎ 高崎	36	おはようライナー	46	
7	特急 踊り子	17	特急 踊り子 大宮	27		37	臨時特急	47	特急 あかぎ 前橋
8	湘南ライナー	18	特急 草津 新宿	28	湘南ライナー 東京	38	東京 FOR TOKYO	48	特急 あかぎ 新前橋
9	特急 踊り子 東京	19	特急 草津 上野	29	湘南ライナー 品川	39	品川 FOR SHINAGAWA	49	特急 あかぎ 上野
10	特急 踊り子 品川	20	特急 草津 長野原草津口	30	湘南ライナー 小田原	40		50	

ダイヤルの下にある行先表示器の駅名対照表を拡大した様子。OM09編成に用意されている行先は43種。最大で50種まで設定できる。特急「踊り子」の我孫子行き（42番）や大宮行き（17番）、さらに行先のない特急「踊り子」（7番）など、臨時列車の行先も含まれている。

1　試運転

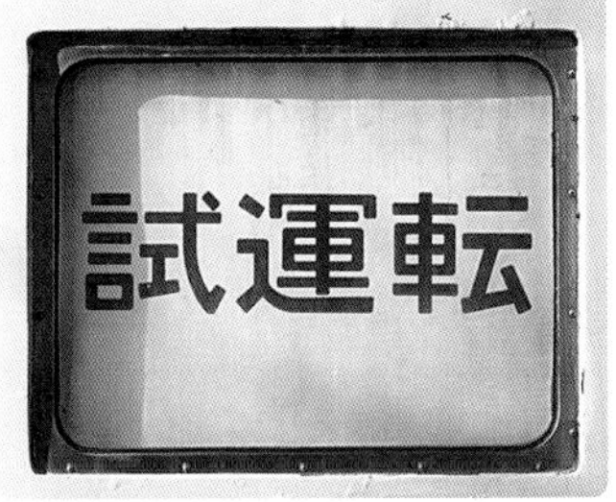

2　臨時

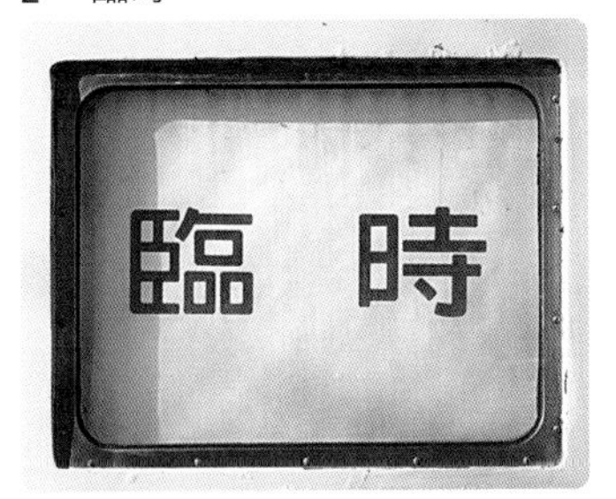

3　団体

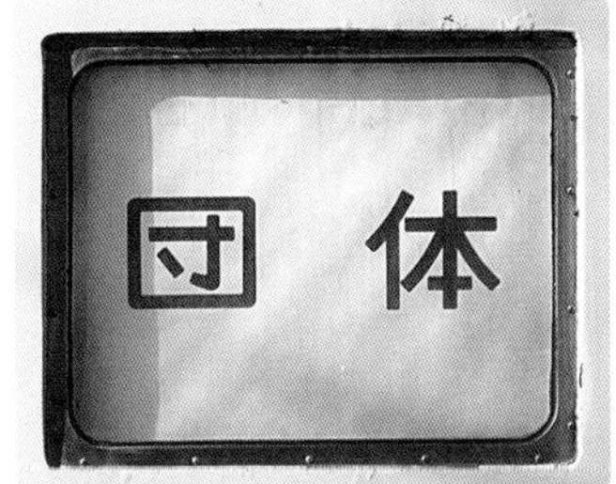

4　臨時快速

5　回送

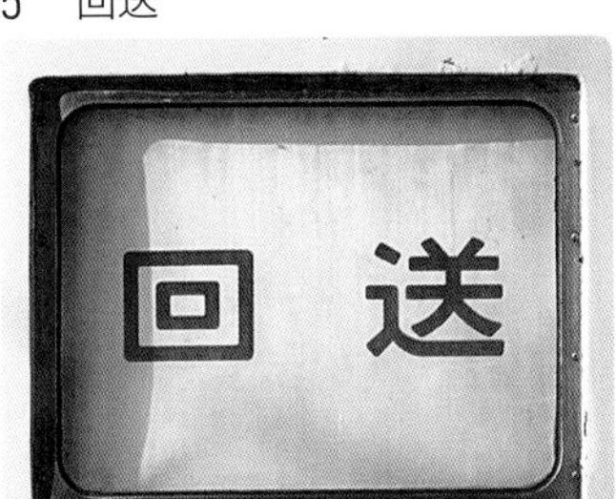

6　臨時特急

7　普通

8　踊り子

9　湘南ライナー

10　ホームライナー

11　おはようライナー

12　草津

13　水上

14　あかぎ

行先表示器

側面の行先表示器は50種まで設定でき、最終的に43種が用意された。特急や湘南ライナーなどのライナー列車のほか、「普通」や「東京」などの普通列車を前提とした幕が用意されている（写真はクハ185-215）。なお、50～57ページに国鉄時代からJR初期の行先表示幕を掲載している。

1　試運転

2　臨時

3　団体

4　臨時快速

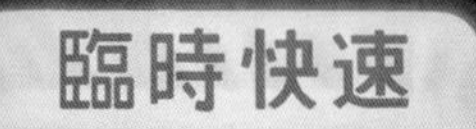

5　回送

6　普通

7　特急 踊り子

8　湘南ライナー

9　特急 踊り子 東京（指定席）

10　特急 踊り子 品川（指定席）

11　特急 踊り子 熱海（指定席）

12　特急 踊り子 伊東（指定席）

13　特急 踊り子 伊豆急下田（指定席）

14　特急 踊り子 修善寺（指定席）

15　特急 踊り子 新宿（指定席）

16　特急 踊り子 池袋（指定席）

17　特急 踊り子 大宮（指定席）

18　特急 草津 新宿（自由席）

19　特急 草津 上野（自由席）

20 特急 草津 長野原草津口(自由席)

21 特急 草津 万座・鹿沢口(自由席)

22 特急 水上 上野(自由席)

23 特急 水上 水上(自由席)

24 特急 あかぎ 新宿(自由席)

25 特急 あかぎ 高崎(自由席)

26 湘南ライナー 東京

27 湘南ライナー 品川

28 湘南ライナー 小田原

29 ホームライナー 小田原

30 おはようライナー 新宿

31 ホームライナー 鴻巣

32 ホームライナー 古河

33 ホームライナー

34 おはようライナー

35 臨時特急

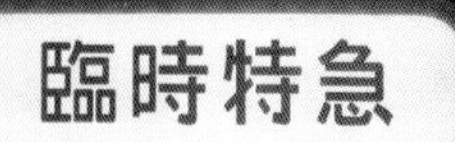

36 東京

37 品川

38 特急 踊り子 我孫子(指定席)

39 熱海

40 伊東

41 特急 あかぎ 前橋(自由席)

42 特急 あかぎ 新前橋(自由席)

43 特急 あかぎ 上野(自由席)

床下機器

185系200番代の各車両の床下機器は、64～75ページで紹介した通りである。ここでは、各機器の役割について具体的に説明する。

CS43A 主制御器

搭載形式：モハ185形

電車の心臓部ともいうべき主制御器。運転台の主幹制御器からの指令を受けて主回路の切り換えをして力行・減速の制御を行う。115系、485系などに使用されていたノッチ戻し、勾配抑速ブレーキ制御が可能なCS15を基本として、抵抗カム軸と主電動機の組合せを変える組合せカム軸を個別の電動機による駆動に変更し、信頼性などの向上を図ったものである。左側のMMCOSは主電動機開放スイッチで、ユニットで2組8基ある主電動機のうち1基が故障した際に、残り4基で運転を継続できるように、故障した側を切り離すスイッチ。CCOSは主制御器開放スイッチである。

高圧母線ヒューズ

搭載形式：モハ185形

高圧母線引通線にあるヒューズ。BFはBus Fuse（ブスヒューズ）の頭文字である。本体は絶縁性のある材料で、裏表には磁極板の鉄板があり、下部は開放されている。内部のヒューズは銅板を加工したもので、本来の容量は500Aだが、185系では750Aに増大させているようだ。両側にあるのは吹消コイルで、ヒューズが溶断した際に磁界を発生し磁極板を通してアークに作用し、フレミング左手の法則によりアークを外部へ吹き飛ばす作用を行う。

誘導コイル・界磁抵抗器

搭載形式：モハ185形

略号はWFLで、形式は「IC58型誘導コイル」。新性能電車では弱め界磁制御に界磁分流制御を行う。主電動機の界磁に界磁分流抵抗器WFRを並列に接続するが、この分流回路が抵抗分だけでは、パンタグラフの瞬間的な離線やセクション通過時によって主回路電圧が急変した場合など、主回路に突入電流という大きな電流が流れてしまう。これを防ぐために界磁分流抵抗器に直列接続されているコイル。

主抵抗器

搭載形式：モハ185形

モハ185形にあるMR136型主抵抗器。前後2群に分かれていて、手前側が自車のMM1～4用、奥側がユニットを組むモハ184形のMM5～8用に分かれている。中央には電動送風機があり、それぞれの抵抗器群を冷却して端部から排熱する。200番代は耐寒耐雪装備なので、排気口に雪が入り込まないようにカバーが取り付けられている。冬ならではのスタイル。

主抵抗器送風機

搭載形式：モハ185形

MR136型主抵抗器の中央に位置するMH 3051＋FK81型電動送風機。

0・200番代ともMGで発電された三相交流によって誘導電動機を駆動させる方式で、直流電動機に比べて保守の省力化が図られている。中央は吸込口でフィルタがあり、フィルタはスチールウールが使用されている。目詰まりした際は逆回転させゴミを飛ばす機能がある。

断路器

搭載形式：モハ185形

主回路の＋側、パンタグラフの次に接続されている断路器。MSはMain Switchで主回路用、以前はMDSと呼ばれていた。BSはBus Line Switchで高圧母線引通用。以前はBDSと呼ばれていた。Dは主回路を切断することからDisconnectの頭文字である。内部には大型のナイフスイッチがあり、小ディスコン棒で操作する。もちろんパンタグラフが降下時以外、操作禁止である。

断流器＋減流抵抗器

搭載形式：モハ185形

主回路の電流を遮断するための断流器。形式は185系用に設計されたLB6E。内部には向かって左からL1、L4、L3、K1、L5、L2と6個の遮断器(スイッチ)が並んでいる。一番左のL1は容量の大きいCB14A高速度遮断器が使用されているが、電車ではこれを高速度減流器として使用。主回路に過電流が流れた際には自ら回路の遮断を行い、その時に接点間に流れるアーク電流を減流抵抗器へ流し、電流を減じたところでL3、続いてL4遮断器で続流を遮断する。過電流継電器が動作してもL1が動作することで、大きな事故電流の遮断が可能となっている。通常時はL3とL4で遮断する。力行から惰行に移る際に、遮断器の音が2回するのは、二段構えで電流を遮断しているからだ。

S抑圧装置

搭載形式：全車

踏切障害などによって、空気管などブレーキ装置に重大な故障が発生した際に、運転台からの操作によって直通予備ブレーキを作用させるための電磁弁などを納めた機器箱。通常使用されるブレーキとは別系統で動作するため「第3のブレーキ」とも呼ばれる。空気源は直通予備空気ダメを利用する。

接地スイッチ

搭載形式：全車

GSはGround Switchの頭文字を取ったもので、回路の絶縁抵抗測定のため、アース(レール)側から主回路を切り離すためにあるナイフスイッチ。接地スイッチからは各車軸に取り付けられた接地ブラシにケーブルで接続されている。

C29C ブレーキ装置

搭載形式：モハ185形・モハ184形

下はC29Cブレーキ装置の裏側。CRが定圧空気溜、右側のQSCが急ブレーキ室、QCが急動室で、その上に緩衝空気室(AS1、AS2)がある。

ブレーキに関する配管、コック類を可能な限り1カ所にまとめユニット化したもの。内部にはE制御弁、U5A応荷重弁、ブレーキ電磁弁、ユルメ電磁弁、締切電磁弁、B7圧力調整弁などがある。中央やや右寄りに締切コックとユルメ弁があり、これの操作をしやすいように機器箱前面に小窓が設けられている。

E制御弁は201系量産車から使用された三圧式制御弁で、従来型から欠点を改良し保守費の低減が図られている。三圧式制御弁の特徴として定圧空気溜(CR)があり、機器箱裏面に取り付けられている。ブレーキ制御弁の動作に関わる急ブレーキ室(QSV)、急動室(QC)と、前後台車の空気バネ圧力から車両重量を検知するための緩衝空気室（AS1、AS2）があり、この重量情報によってU5A応荷重弁が、車両重量に見合った空気圧力をブレーキシリンダに出力している。締切電磁弁は発電ブレーキが有効な間は空気ブレーキを緩めるためのもの。

C34B
ブレーキ装置

搭載形式：クハ185形・サロ185形

下は反対側面から見た様子。供給空気ダメの奥がC34Bブレーキ装置の裏側。

制御車と付随車用のブレーキ装置。電動車用とは発電ブレーキがない分、締切電磁弁がないなど機能が異なる。基本的な部分では同じだが、内部機器配置が異なるため裏側から見ると空気室の位置が異なる。左側から緩衝空気室（AS1、AS2）、定圧空気溜（CR）、急ブレーキ室（QSC）、急動室（QC）と並ぶ。三圧式制御弁はCRを設けることで従来の二圧式のA制御弁の欠点を改めた制御弁で、ブレーキの不緩解などが発生しにくい。

元空気ダメ（MR）

搭載形式：モハ184形

Main Reservoirの頭文字を取ってMRと略される。モハ184形に設置される空気ダメで、空気圧縮機で作られ、除湿装置を通ったエアが最初に溜められるエアタンクが第1元空気ダメ。ここからさらに供給空気ダメ（SR）と二室構造になっている第2元空気ダメに送られ、自車のSRに加え、元空気ダメ引通管（MRP）を通って他車に供給される。

供給空気ダメ（SR）

搭載形式：モハ185形・クハ185形・サロ185形

Supply Reservoirの頭文字を取ってSRと略される。MRからのエアを溜める空気ダメで、各車に設置されている。ここからブレーキ装置や制御空気ダメ（CP）、直通予備空気ダメなどにエアを供給している。

制御空気ダメ（CP）

搭載形式：モハ184形・クハ185形・サロ185形

Control Pressureの頭文字を取ってCPと略される。ブレーキには関係のない空気ダメで、空気バネや戸閉め機械、水揚装置へのエアの供給を行う。185系では直通予備空気ダメと制御二室空気ダメになっている。

水揚装置＋水タンク＋験水コック＋給水口

搭載形式：モハ184形・クハ185形・サロ185形

床下に水タンクがある車両には、床上に水を供給するための水揚装置がある。簡単にいえば空気圧で水を上げているのだ。水揚装置には制御空気ダメからのエアを減圧し、自動五つ道弁（いつつどうべん）を通して水タンク内に圧力をかける。圧力が加わるため水タンクは円筒形となっている。水タンク内には電極を利用した水面計があり、洗面所から水タンク内の水の量が分かる。給水口からの圧力を関知すると、自動五つ道弁はタンク内の圧力を開放し給水を受ける。給水圧力がなくなると再びタンク内にエアを送って客室へ送水を可能としている。給水口に「自動給水」と書かれているのはこういうことだ。給水口はマチノ式ホース連結器を採用し、ワンタッチで取り付けと取り外しができる。

三相元接触器

搭載形式：モハ184形

MG発電機側の過電流に際して、過電流継電器の指令により出力側を開放する接触器。

D1電磁吐出弁

搭載形式：200番代全車

サロ185形200番代のC34Aブレーキ装置裏側の中央部分にある小さな機器がD1電磁吐出弁。200番代のみに全車装備されているもので、その役目は碓氷峠でEF63形の補機を連結した際に、空気バネをパンクさせるための電磁給排弁で、そのために下部に排気管がある。小さな機器なので、床下機器の少ないサロ185形以外では目立たない。

電動発電機(MG)

搭載形式：モハ184形

ブラシレス電動発電機(BLMG)は185系で初めて採用され、以後の国鉄電車の標準型となった。入力は直流1,500Vだが、それからサイリスタを使用したインバータで三相交流を作り、三相同期電動機を駆動して三相同期発電機で三相交流を発電している。この方式では界磁コイルが同一のものを使用できるため、大幅な小型軽量化が実現できる。

しかし、同期電動機・発電機を駆動するためには回転子に磁石が必要となるが、これは端部に励磁機(エキサイタ)と呼ばれる一種の発電機を設け、ここで発生した三相交流を回転子内に設置された整流器で直流に変換し、回転子に固定磁界を発生させている。励磁機の界磁コイルの電源は発電機出力を利用しているため、回転開始直後は発電が始まらない。そこで電動機側のインバータ回路からの電流によって励磁機の界磁コイルを励磁し、励磁機の回転子に電圧を誘起させる。

3-1側から見た様子。左側のMG起動抵抗器(MGR)とDM106ブラシレス電動発電機本体。右側から出ているケーブルは発電機の出力で、上側には電動機側から吸気した冷却風の排気口。塵埃の侵入を防ぐため金網張りになっている。

エキサイタと同一鉄心にあり、MG起動時に定格回転数(1,800rpm)の約半分に達した際に起動抵抗器と直列に接続され、電動機を回転させるために使用した高圧直巻コイルを開放するための接触器。架線電圧が来ているため取り付け部分にガイシがあり、二重絶縁となっている。

2-4側(電動機側)から見たDM106型本体。本体左側のケーブルは電動機の電源入力、中央のケーブルが出る丸い部分は回転子の位置を検出する分配器。右側の箱はMG冷却風取入口のフィルタ。

自動電圧調整装置

搭載形式：モハ184形

MGの周波数および発電電圧制御。起動時の励磁機に対する強制転流制御などのMGの制御を行っている。サイリスタは底部に設置され空冷されている。

D20除湿装置

搭載形式：モハ184形

左側の電動空気圧縮機から送られた高温のエアは、背面にあるアフタークーラで冷却される。同時にエアに含まれる水分が凝結するので、左上の円筒形状の除湿機を通して空気中の水分を分離する。

除湿剤は粒状の合成ゼオライトで、バインダ(接着剤の一種)で円筒形の「おこし」状に固められている。除湿機を通って乾燥したエアは元空気ダメ(MR)に込められるほか、下側にある再生空気ダメにも込められる。電動空気圧縮機が停止すると右側の箱内にある電磁弁が動作し、吐出弁に再生空気ダメのエアが送られると同時に除湿機にも逆流する。除湿剤に蓄積された水分は吐出弁アフタークーラ内の水分とともに、吐出弁から排気消音器を経て排出される。185系などで電動空気圧縮機が停止したあとに「コーン」という排気音がするのは、この除湿装置が動作した時の音である。

電動空気圧縮機

搭載形式：モハ184形

0番代は電動機が直流のMH113Bだったが、200番代は三相交流誘導電動機のMH 3075Aとなり省力化と耐雪化が図られている。3気筒のピストン式で、左側の電動圧縮機吸気フィルタから取り入れられた空気は、両側のシリンダで1段目の圧縮を行い、電動機下に設けられた中間冷却器で冷却、中央のシリンダで再度圧縮される。中間冷却器は電動機の回転による空冷となっている。圧縮が終わったエアは右側にあるD20除湿装置に送られる。

屋上機器

屋上機器はシンプルである。パンタグラフは新製時0番代はPS16、200番代はPS16Jを搭載するが、追従性を改善したPS21(改造を含む)や狭小トンネル用に対応したPS24、また、シングルアームのPS33Fに換装されている。

パンタグラフ

0番代はPS16、200番代は主バネにカバーが付いた耐雪型のPS16Jが採用された。また、中央東線の狭小トンネル用として作用高さの低いPS24に換装されたものもあり、0番代ではトロリ線(架線)への追従性を改善したPS21への換装も進められた。PS16Jについては枠組のみをPS21と同じものに交換している。PS16とPS21の見分け方は、集電シュウの端にあるホーンの形状がパイプ状のものがPS21である。

PS16Jの枠組のみを改造したPS21
搭載車：モハ185形 ※取材以外の撮影

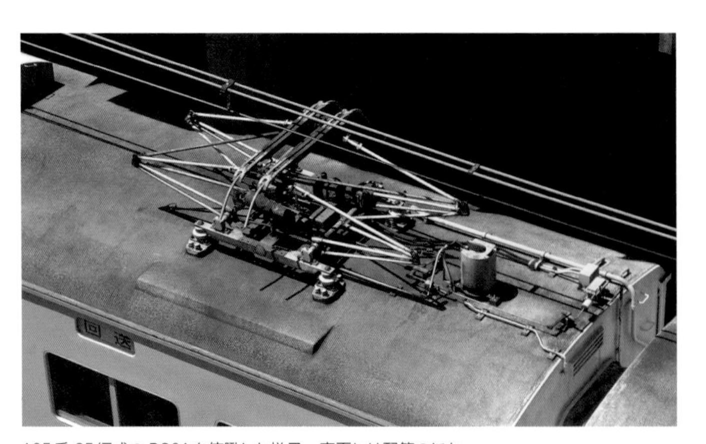

185系C5編成のPS21を俯瞰した様子。妻面には配管のほか、パンタグラフの解錠装置も付く ※取材以外の撮影

PS24(換装車)
搭載車：モハ185形

クーラ＋
新鮮外気取入装置

従来型の特急車両では、パンタグラフのない車両はAU13分散クーラ、パンタグラフ付の車両では集中型のAU71が用いられてきた。しかし、185系では普通列車運用も可能とするため、普通車では通勤形と同じAU75C集中クーラが採用された。冷房能力は42,000kcalとなり、特急形としては異例の容量だ。グリーン車は定員の大幅な超過はないことから、モハ182形と同じ集中型で容量28,000kcalのAU71Cが採用されている。AU75Cは増備途中からステンレスキセの省エネタイプAU75Gに変更され、AU75Cも交換用に開発されたAU75Fに換装されたものもある。ベンチレータは廃止され、代わりに新鮮外気取入装置が採用され、強制的に外気を客室内に送り込む。排出は客室両端部の天井部分に設けられた排出口を通って妻板上部より排出される。

AU75(写真)、AU75GC
搭載形式：普通車全車

AU71　搭載形式：サロ185形

AU75G形ユニットクーラ組立図

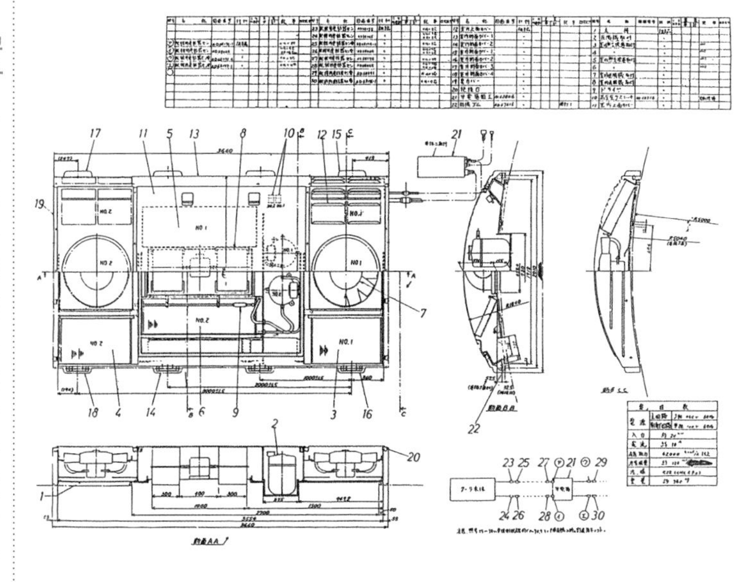

AU71C形ユニットクーラ組立図

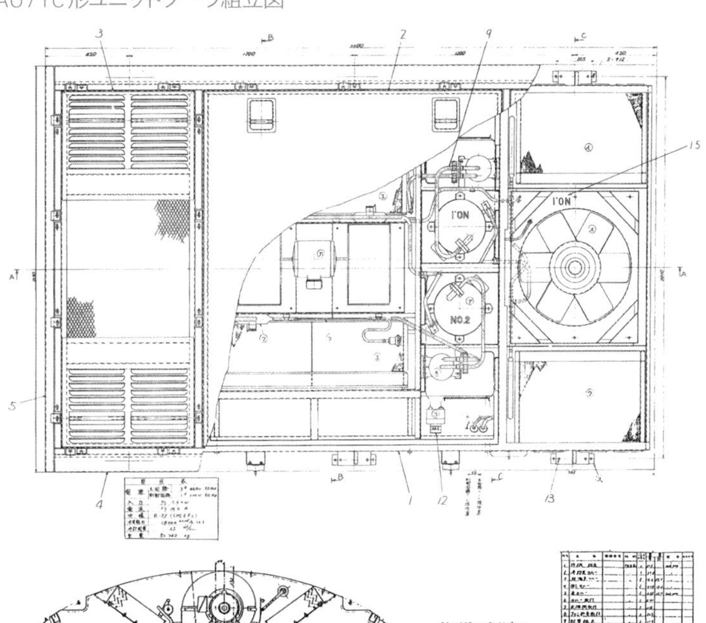

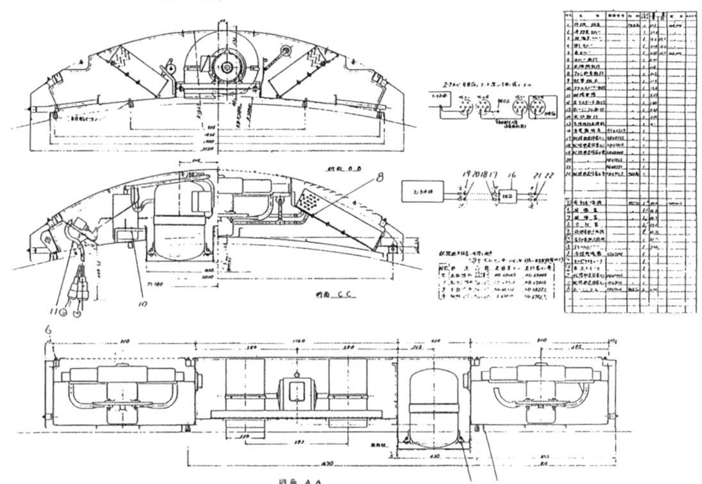

台車

185系200番代では、電動車がDT32H、付随車がTR69Kを履く。クハ185形の前位台車には200番代のみの装備として雪かき器が装備されている。

DT32H

外観はほかの耐寒耐雪型のDT32と同じだが、側梁と枕梁が強化されている。

モハ185-230のDT32H →
モハ184-230のDT32H ↓

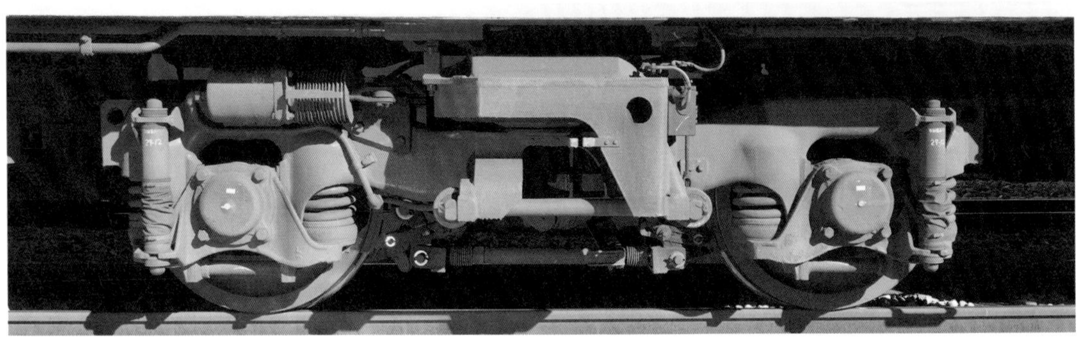

DT32Hの台車組立図

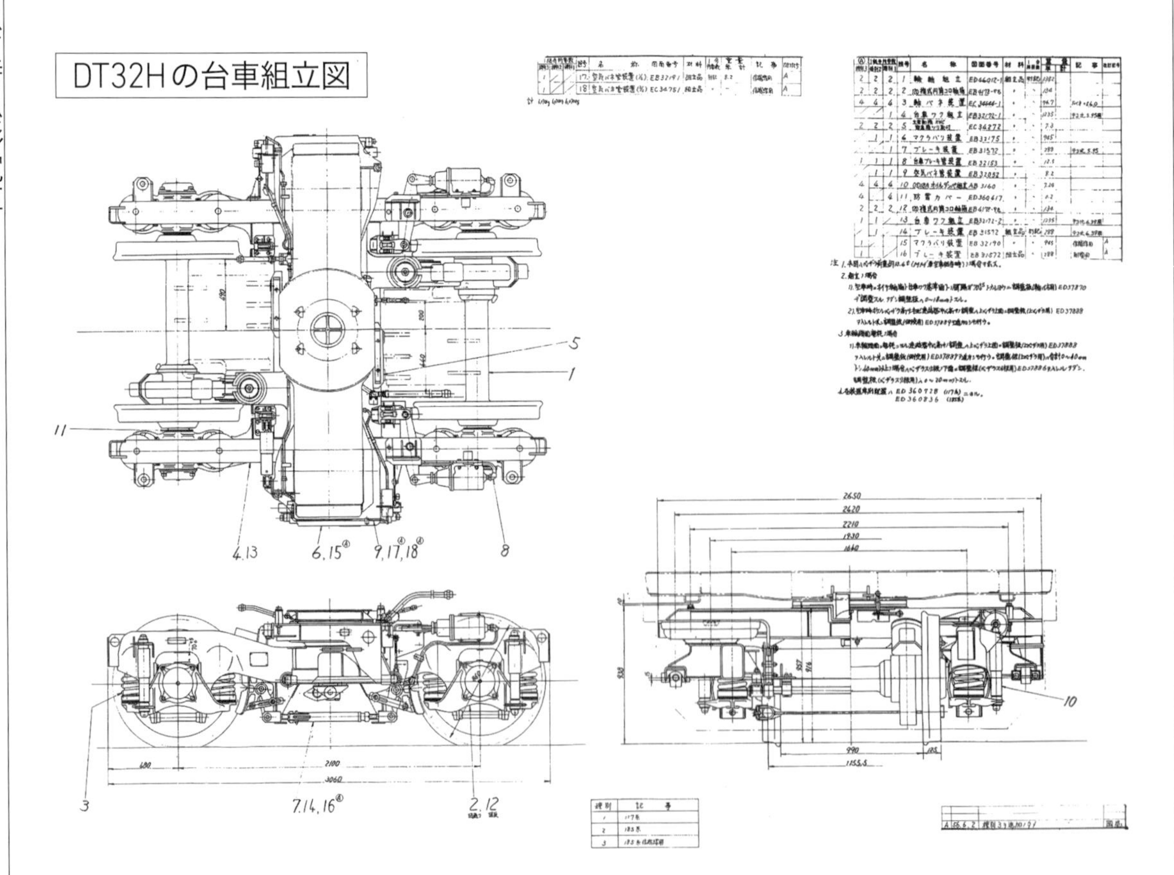

歯車箱+主電動機タワミ風道

車軸にある歯車箱の中に大歯車があり、車軸の奥に見えるのがMT54D主電動機。その上の蛇腹状のものがタワミ風道で、主電動機冷却風を車体妻面から導く。

接地ブラシ

歯車箱に設けられケーブルが接続される接地装置。上側が主電動機からの主回路用で、電動車では全4軸に設けられる。下側が補助回路用で車体中心寄りの2軸に設置。

ブレーキシリンダ

耐雪型として防雪カバーを装着している。0番代も同じタイプとなる。

自動高さ調整弁+枕梁

枕バネの空気圧を調整し、車体高さを一定に保つ。この圧力変化を利用してブレーキの応荷重弁を動作させる。枕梁は回転梁で、心皿は走行安定性を増すために大径で、中央部分に車体側から中心ピンが入る。

枕バネ

DT32系台車では、ダイヤフラム型空気バネは、枕バネが枕梁の中に収まっているため下からのぞかないと見えない。側梁と回転梁には空気バネの状態を知る印があり、空気バネはパンク状態で約30mmの差ができる。台車の牽引力は中央にある棒状のボルスタアンカから、枕梁を通して台車中心ピンから伝達される。枕梁左にあるオイルダンパは台車蛇行動の防止用。

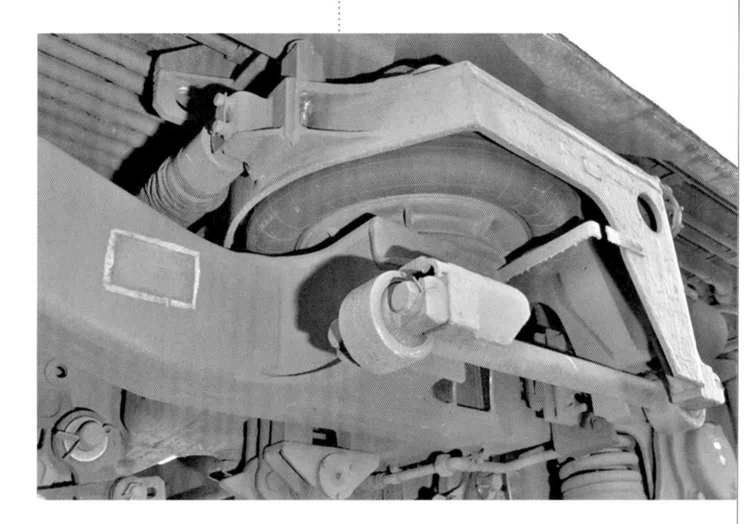

TR69K

クハ185-215（前位台車）

DT32Hと同じく枕梁、側梁を強化したタイプ。先頭車も中間車も同じだが、クハの200・300番代の前位寄り台車にはスノープロウが付く。中央下に見えるブレーキ状のものは踏面清掃装置で、車輪踏面の鏡面化を防ぎ、増粘着性を改善し滑走によるフラットを防ぐ。

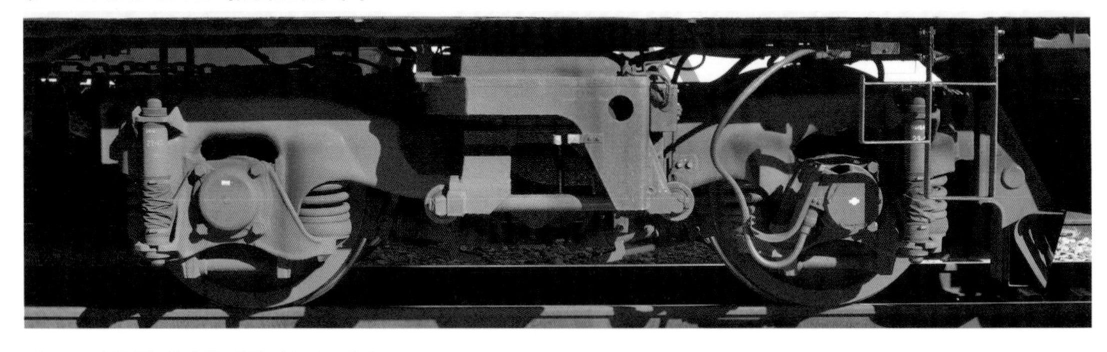

クハ185-215（後位台車）

TR69Kの台車組立図

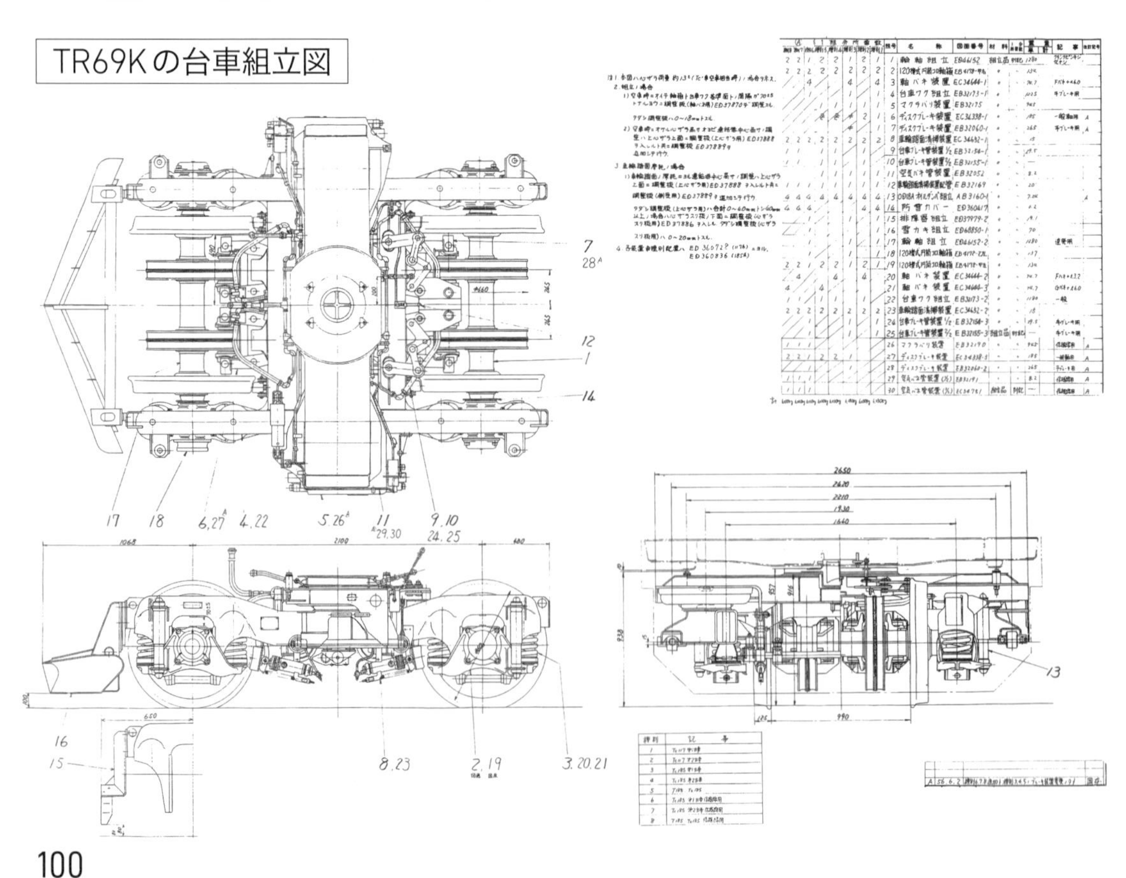

TR69K

ディスクブレーキ

ブレーキライニングは台車内側にあり外からは見えない。ブレーキダイヤフラムという風船のようなものにエアを送り込み、ライニングでブレーキディスクを挟む構造。

ディスクブレーキ

(クハ185-315・手ブレーキ付き)

先頭前位寄りの台車。手ブレーキ用の鎖がある。運転台助士席にあるハンドルを回すと鎖が引っ張られ、基礎ブレーキ装置を動かしブレーキを緊締させる。

周波数発電機

ATS-P用に速度計発電機とは別に追加された周波数発電機。これにより正確な速度情報をATS-P制御装置へ伝送する。

前面の中央に掲げられた特急シンボルマークと幕式のトレインマーク。185系は、紛れもない国鉄の特急形電車だ。

EF64形に牽引されて廃車配給される185系OM09編成。土呂　2021年3月31日
写真／高橋政士

第3章

185系の列車史

185系は東海道本線の「踊り子」と、上野口の「草津」「あかぎ」などの特急を中心に活躍してきたが、そのほかにも「湘南ライナー」「ホームライナー」などの通勤ライナーや普通列車など、幅広い活躍をしてきた。運行エリアも広く、「踊り子」では私鉄の伊豆急行と伊豆箱根鉄道に定期列車として乗り入れ。上野口では碓氷峠を越えて長野地区まで定期運行されるなど、類を見ない足跡を残してきた。
塗色は3本ストライプに始まり、ブロックパターンへの塗色変更、80系・157系をモチーフにした塗色など、文字通り異色な電車であった。　文／高橋政士

185系の運用と塗色の変遷

0番代は特急「踊り子」や「湘南ライナー」、200番代は「草津」「あかぎ」などの新特急が主体と、185系は変動が少ない印象がある。しかし、充当列車は多く、編成の組み換えや近年の塗色変更など、改めて調べると何かと話題を提供してくれた車両であった。

185系は、特急「踊り子」の前身となる急行「伊豆」から優等列車運用に就いた。写真は185系のみの編成。有楽町 1981年5月30日
写真／大那庸之助

国鉄時代 田町と新前橋に新製配置

特急「踊り子」の印象が強い185系だが、優等列車デビューは前身の急行「伊豆」だった。新前橋に投入された200番代も急行でデビューし、さらに「新幹線リレー号」で使用された。

田町電車区配置車 普通や急行でデビュー

1981(昭和56)年10月1日ダイヤ改正に向けた輸送計画に基づいて、東海道本線の急行「伊豆」の特急格上げ用に同年1月29日に最初の新製車両が日本車輌製造で落成した。

落成分から当時の田町電車区に配置。185系の運用開始は同年3月26日の普通列車から、急行列車の運用開始は3月28日からで、特急用車両でありながら運用開始は普通列車という、まさに異色の存在である。一部は153系急行「伊豆」の付属編成として運用を開始している。

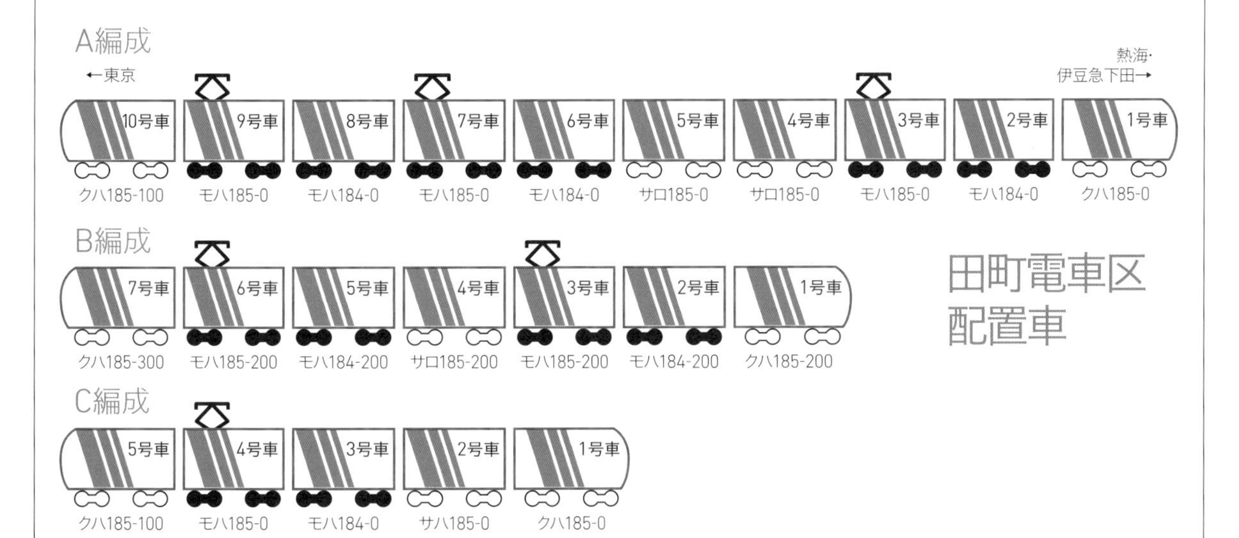

新前橋電車区配置車

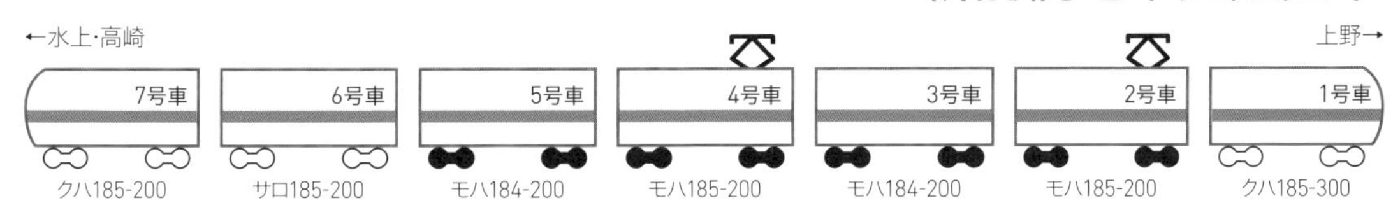

185系は、153系と併結できるKE64ジャンパ連結器を装備し、急行「伊豆」では実際に153系と併結運転が行われた。写真は基本編成は153系、付属編成が185系の15両編成。有楽町　1981年5月9日
写真／大那庸之助

東京駅に張られた、185系を使用する新しい特急の愛称を募集するポスター。1981年2月14日　写真／大那庸之助

なお、153系置き換え用には185系115両と同時に113系2000番代も82両新製投入し、混雑時間帯では185系との運用を極力分けるなどしている。

10月のダイヤ改正をもって急行「伊豆」は全列車が183・185系特急「踊り子」に格上げされ消滅。田町電車区所属の153系175両は、155系16両とともに全車廃車となり、165系8両が幕張電車区に転属することで所属車両増にならぬようにされた。

一方、1976(昭和51)年3月から183系1000番代によって運転されていた特急「あまぎ」は、3往復が183系のまま愛称が「踊り子」に変更された。この183系の運用は1985(昭和60)年3月改正による185系200番代の転属によって解消し、特急「踊り子」は全列車が185系で統一された。

新前橋電車区配置車 新幹線リレー号に投入

200番代は東北本線、高崎線、上越線、信越本

東京～伊豆急下田・修善寺間を結ぶ特急の愛称名は「踊り子」に決まり、晴れて"特急"として東海道本線を駆け抜ける185系。15両編成は、当時の在来線昼行特急で最長だった。大井町　1984年1月4日　写真／大那庸之助

田町区に転属した200番代(7両編成)と0番代(5両編成)を併結した「踊り子」。200番代の塗色は変更されていないが、グリーン車の連結位置は4号車に組み直されている。川崎～横浜間　1985年6月　写真／新井 泰

3本ストライプに塗色変更された田町電車区の185系200番代。JNRマークは幕板部にペイントのままである。伊豆急下田　1986年7月13日　写真／大那庸之助

線などで運用されていた165系の置き換え用に1次車、さらに「新幹線リレー号」用として2次車が追加新製され、当時の新前橋電車区に配置された。運用開始は1982(昭和57)年3月10日の急行「あかぎ」からで、落成が進むと急行「ゆけむり」「草津」「軽井沢」の165系の運用を徐々に置き換えている。なお、置き換え対象となった165系は、急行「東海」の153系置き換え用に用いられた。

東北・上越新幹線は当初、完成予定が1976(昭和

上野駅6番線で発車を待つ「新幹線リレー号」。ホーム上屋には「定期券では乗車できません」と書かれた看板が下がる。上野　1982年11月15日　写真／大那庸之助

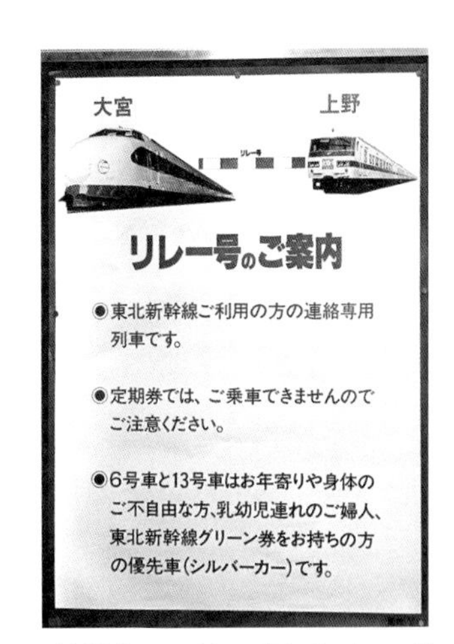

「新幹線リレー号」の案内ポスター。グリーン車は「シルバーカー」として使用された。大宮　1982年6月23日　写真／大那庸之助

185系200番代を一躍有名にした「新幹線リレー号」。トレインマークは白地で、裾の「新幹線連絡専用」はオレンジ色地に白色文字だった。赤羽〜浦和間　1983年5月5日　写真／児島眞雄

51)年度となっていたが、オイルショックなどにより工期が延長され、1982年春に東京〜大宮間を除いた区間を暫定開業することがいったん決定されたが、上越新幹線中山トンネルで出水事故があった影響で工事がさらに遅延となった。

しかしながら、一日でも早い東北新幹線開業を求める地元と、夏の多客輸送に新幹線による輸送を提供したい国鉄との思惑が一致。東北新幹線が1982年6月23日に大宮〜盛岡間を先行して開業することとなった。

この時、上野〜大宮間で新幹線連絡用列車が設定されることとなり、新たに開業する東北・上越新幹線と一体となる接続列車には、新しい車両で輸送サービスを行うという観点から、新製車の185系200番代が使用されることとなった。この新製にあたっては国鉄の厳しい財政事情の中、半年ほどの間、会計検査院との折衝を重ねたという逸話が残されている。

「新幹線リレー号」が有名な185系200番代だが、まず高崎・東北線方面の急行で使用された。これらは後に新特急に格上げされる。写真はS215＋S216編成(クハ185-308以下)。大宮　1982年6月23日
写真／大那庸之助

185系200番代で運転された「新特急なすの」。東北本線への185系定期特急はこれのみで、1995年に「おはようとちぎ」「ホームタウンとちぎ」に改称された。東鷲宮～栗橋間
1985年12月　写真／高橋政士

高崎線への185系特急は多く、「新特急谷川」は上越線の水上とを結んだ。特急なのに、多くの窓が開いているのは185系ならでは。
写真／PIXTA

185系の15両編成で運転される、東海道本線の普通列車。これも開発時から意図していた用途である。真鶴付近　1984年3月25日　写真／児島眞雄

185系の運用の特徴のひとつに、私鉄との相互直通運転がある。これも185系のマルチさを象徴するものと感じられた。伊豆多賀　1986年11月3日　写真／児島眞雄

5両編成は三島から伊豆箱根鉄道駿豆線に直通運転した。コンパクトな5両編成で伊豆半島を快走する。大場付近　写真／児島眞雄

急行を格上げし新特急がスタート

200番代最終グループは1982(昭和57)年6月25日に落成。同年11月15日の上越新幹線開業に合わせて東北新幹線も増発されたため、「新幹線リレー号」も13往復から一気に28往復と増加している。185系は新設された特急「谷川」「白根」「あかぎ」と共通運用となった。

1985(昭和60)年3月14日ダイヤ改正では、待望の東北・上越新幹線の上野〜大宮間開業によって、約2年4カ月に渡って運転された「新幹線リレー号」は役目を終え、200番代4編成が新前橋電車区から田町電車区へ転属。183系によって運転されていた特急「踊り子」を置き換え、「踊り子」は全て185系による運転となった。

この改正で高崎線、上越線、東北本線などで運転されていた急行「ゆけむり」「草津」「はるな」「なすの」「わたらせ」など直流区間を走行する急行列車は全廃された。これに代わって近郊特急として高崎線系統の「新特急谷川」「新特急草津」「新特急あかぎ」と、東北本線の「新特急なすの」が新設され、これらに185系が充当された。

JR東日本
田町電車区配置車

名門・田町電車区に所属する185系は、特急「踊り子」のほか朝夕の「湘南ライナー」でも使用され、通勤客の好評を博す。1999年からはリニューアル改造が施され、湘南色に変更された。

湘南特急の「踊り子」を中心に「なすの」「はまかいじ」も担当

国鉄分割民営化で、185系は全車両がJR東日本に承継された。0番代は国鉄時代と変わらず田町電車区に配置され特急「踊り子」、有料着席列車「湘南ライナー」などを中心として運用されていた。200番代は1988(昭和63)年3月に1編成が新前橋電車区から田町電車区へ転属。グリーン車2両を含む10両編成がA編成、200番代の7両編成がB編成、付属の5両編成がC編成となっている。

1989(平成元)年に一部のB編成のパンタグラフを狭小トンネル用のPS24に交換し、中央東線にも運用可能とした。翌90年にはC編成のパンタグラフをトロリ線の追従性に優れたPS21に交換するなど、わずかながら外観に変化が生ずる改造が行われるようになった。

1990(平成2)年4月28日に営業運転を開始した、251系「スーパービュー踊り子」の登場によって185系の運用に余裕が生じたため、「踊り子」以外

JR承継後は、乗務員室の側面にあったJNRマークが撤去され、クハ185形の便洗面所がある壁面に灰色のJRマークが貼付された。10両編成で「踊り子」運用に就く0番代。二宮〜国府津間　1992年7月18日
写真/新井 泰

の列車にも充当されるようになった。同時に新前橋電車区から2編成が転属し、「新特急なすの」は田町電車区配置車による運用となった。

その後は客室設備の改良が続き、1992(平成4)年には全編成の座席の表地を交換し、編成の一部便所の洋式化などが行われている。

1995(平成7)年12月1日ダイヤ改正では、東北新幹線に新たな愛称の「なすの」が新設されるのに伴い、「新特急なすの」は、下りは「新特急ホームタウンとちぎ」、上りは「新特急おはようとちぎ」に愛称が変更になった。

1996(平成8)年には横浜から横浜線経由で中央東線に直通する特急「はまかいじ」用として、B3・B4・B5編成にATC-6型の取り付けを行い、これに伴ってクハ185形の最前列の座席を1列撤去。そこ

東京駅で展示されるJR九州のキハ183系1000番代「オランダ村特急」(右)と並ぶ「踊り子」。キハ183系1000番代は、現在は「あそぼーい!」に一変した。東京　1988年3月　写真/新井 泰

185系200番代7両編成と、0番代5両編成の併結で運転される特急「踊り子」。200番代はJR化後、幕板部のJNRマークが消され、0番代と同様に側面に灰色のJRマークが貼付された。二宮〜国府津間　1999年7月　写真／新井 泰

リニューアル改造により湘南色のブロックパターンをまとう塗色に変更された田町区の185系0番代15両編成で運転される特急「踊り子」。新子安　2004年11月5日　写真／高橋政士

にATC機器室を設けたため、戸袋窓が閉鎖されるなど車体にも改造が及んでいる。

リニューアル改造で普通車の座席を変更

大きな変化が訪れたのは1999（平成11）年から実施されたリニューアル工事で、普通車の座席をフリーストップリクライニングシートに交換している。同時に客室内の化粧板などの交換も行い、仕切妻板と仕切引戸は青緑色系、側面腰板部分はベージュ色系となり、座席表地はオリーブ色系のものとなった。床敷物はベージュ色系の砂目模様となっている。グリーン車は仕切妻板は変更ないが、座席表地は紺色系、床敷物は青灰色のじゅうたん敷きとなった。

また、この工事が施工されたものから外部塗色

185系は通勤時間帯の「湘南ライナー」などのライナー列車にも充当された。藤沢　2004年10月　写真／高橋政士

編成に余裕が生じた185系は、横浜と甲府を結ぶ臨時特急「はまかいじ」にも充当。中央東線に対応したPS21パンタグラフに交換された。写真のB5編成は2007年にD-ATC付きに改造されている。

を従来のストライプのものから、200番代リニューアル車に準じた湘南色のブロックパターンのものに変更されている。2002（平成14）年には連結部分に灰色の転落防止用の車端幌が設けられた。なお、2002年12月1日から、新特急の愛称は特急に統合されている。また、田町電車区は2004（平成16）年6月1日に田町車両センターに改称。2010（平成22）年12月3日のダイヤ改正により「ホームタウンとちぎ」「おはようとちぎ」は廃止された。2011（平成23）年には特急「踊り子」運転開始30周年記念として、A8編成が登場時と同じストライプ塗り分けとなり、翌12年にはC1編成もストライプ塗色に変更された。

2013（平成25）年3月16日に田町車両センターが廃止となり、185系は全車大宮総合車両センターに転属している。

東北本線を走る「新特急おはようとちぎ」。東北本線の列車は、田町区の185系が受け持った。片岡～矢板間　1999年10月　写真／高橋政士

「新特急あかぎ」には1993年から新宿発着の列車が設定され、田町区の10両編成が使用された。新前橋区の車両のトレインマークは新デザインに変更されたが、田町区の車両は旧デザインが使用され続けた。写真のクハ185形はスカートが強化型に交換されている。行田　2011年6月25日　写真／高橋政士

特急「踊り子」の運転開始30周年を記念して、2011年に登場時と同じストライプ塗り分けとなったA8編成。スカートが強化型になったものの、往年の個性的な塗色がよみがえり、好評を博した。大船　2012年5月12日　写真／高橋政士

JR発足後、185系200番代は幕板部のJNRマークを消し、車体側面に0番代と同じ灰色のJRマークが入れられた。2編成併結し、高崎線を南下する「新特急あかぎ」。吹上～行田間 1991年12月 写真／新井 泰

JR東日本 新前橋電車区配置車

新前橋電車区所属の185系200番代は引き続き「新特急」で使用され、郊外の特急需要を担った。1995年には田町区に先駆けてリニューアル改造され、ブロックパターンの塗色に変更された。

東海道直通や日本海側へ運用範囲が拡大

1987(昭和62)年秋から特急「モントレー踊り子」として、新前橋配置の200番代が前橋～伊豆急下田間で運転を開始している。

1988(昭和63)年3月13日改正では「新特急なすの」の一部が廃止されたことにより、200番代1編成が田町電車区へ転属した。また、このダイヤ改正で高崎～長野間に快速「信州リレー号」が設定され、碓氷峠を越え長野まで走行する初めての185系定期列車となった。

1990(平成2)年3月10日の改正では「新特急なすの」が1往復となり、2編成が田町電車区へ転属し、同時に「新特急なすの」は田町車での運用となった。同年8月7日に185系で運転された臨時特急「そよかぜ91号」、12日に運転された臨時特急「そよかぜ92号」では、グリーン車に天皇皇后両陛下が御乗車されたが、一般旅客も乗車可能な列車として運転されたことが特筆される。

1991(平成3)年夏には高崎～軽井沢間に普通列車「軽井沢リレー号」が設定されている。1992(平成4)年に「新特急なすの」が早朝に上り1本増発

東北本線の「新特急なすの」に就く185系200番代。この列車は1990年3月ダイヤ改正から田町区の受け持ちになり、新前橋区の車両による運用は短期間だった。東大宮〜蓮田間　1988年　写真／長谷川智紀

碓氷峠を下る快速「信州リレー号」。前日夜に高崎から長野へ向かい、早朝に長野を発って高崎へ向かう列車だった。EF63形側の写真は76ページ参照。横川〜軽井沢間　1989年　写真／長谷川智紀

されることとなり、下りは有料着席列車「ホームライナー古河」が新たに設定された。

1993（平成5）年夏には臨時列車ながら高崎から日本海側へ向かう臨時快速「青海川」に充当され、185系が初めて日本海側を走ることになった。1994（平成6）年から翌年にかけて、「シュプール号」に使用されるS215＋S216、S201＋S202編成が順にフルフル色へ変更となった。

リニューアル改造を実施 エクスプレス185に

新前橋車は1995（平成7）年7月から98（平成10）年にかけて、田町車に先駆けて全普通車のリニューアル工事を施工。客室内化粧板の交換と座席のフ

車体にカラフルなイラストが描かれた「フルフル」色の「新特急谷川」。「シュプール号」使用時は普通車のみの6両編成だったが、3月の運行終了後に同色のグリーン車が組み込まれた。架線柱に隠れた位置にグリーン車が連結されている。高崎付近　1995年頃　写真／PIXTA

スキー臨時列車「シュプール」号に充当される185系200番代「フルフル」編成。品川　1994年12月　写真／長谷川智紀

EXPRESS185色への塗色変更に合わせて、トレインマークのデザインも黒地にシンボルを描くデザインに変更された。写真はS222編成の特急「草津」。　吹上～北鴻巣間　2004年4月18日　写真／岸本 亨

リーストップリクライニング化が行われ、側窓は開閉式であるものの、特急列車らしい装備となった。

化粧板は仕切妻板と仕切り引戸は青灰色系、側面腰板部分はクリーム色系、座席表地は紫色系となった。同時に塗色も変更され、上毛三山をイメージした黄色、灰色、赤色のブロックパターンに変更され、側面には「EXPRESS185」のレタリングが貼付された。

96・97年にグリーン車座席はバケットタイプのものに交換され、仕切妻板に変更はないものの、座席表地は赤色系、床敷物はこげ茶色系のじゅうたん敷きとなった。

また、2004(平成16)年には白色の転落防止用幌が取り付けられた。

なお、新前橋電車区は2004年6月1日に高崎車両センターに改称され、185系は2006(平成18)年3月18日付けで全車が大宮車両センターへ転属。編成番号はOM01～09編成に改められた。

JR東日本

大宮車両センター配置車

車両基地の再編により、185系はすべて大宮車両センターに集約された。その後、往年の80系や157系を模したカラーの登場やストライプ塗色の復活により、185系は注目を集める存在になっていった。

新前橋・田町から転属 185系が1カ所に集中

大宮総合車両センター東大宮センターへの配属は、2006(平成18)年3月18日付けで高崎車両センターから9編成の200番代が転属してきたのが始まりである。

転属後、しばらく変化はなかったが、2010(平成22)年に「草津」の愛称を使用した列車が運転開始から60周年を迎えるにあたって、OM03編成を運転開始時の準急「草津」に使用されていた80系電車と同じ緑2号と黄かん色の湘南色に塗り替えた。「リバイバル色」といわれているが185系では初めての塗色だったので、実質は新色といっていいだろう。

2012(平成24)年2月29日にはOM08編成が同じく吾妻線で157系により運転されていた特急「白根」にちなんで、157系塗色に変更されている。赤2号とクリーム4号のいわゆる国鉄特急色をまとった唯一の185系となった。

大宮総合車両センターに転属した新前橋区の185系200番代だが、編成番号を変えたほかは従来通り運用された。大宮　2007年12月17日　写真／岸本 亨

特急「あかぎ」のトレインマークを掲げて高崎線を走る185系200番代。スカートは強化型に変更される前。神保原～新町間　2008年11月30日　写真／高橋政士

2013(平成25)年には185系でもっとも大きな動きがあった。185系発祥の地である田町車両センターが3月16日のダイヤ改正をもって廃止となり、同センター配置の185系は全車大宮車両センターへ転属となった。この際、従来から大宮車両センターに配置されていた185系200番代のグリーン車連結位置を田町車と同じ4号車に変更。同時に編成の向きをすべて方向転換した。これは従来は田町～大宮間を回送する際には山手貨物線で品川を経由していたが、武蔵野線を使って回送することになったためである。

夕方から夜にかけては、高崎線や東北本線のホームライナーにも充当。文字マークが用意された。651系「スーパーひたち」(左)と併走。まさかこの後、185系200番代の後継に651系が入るとは、当時は誰も思いもしなかった。鶯谷　2007年5月7日　写真／岸本 亨

大宮～武蔵野線～新鶴見～品川(来宮)のルートで回送される185系OM09編成。上野東京ラインが開業するまでの約2年間、武蔵野線で185系が定期的に見られた。西浦和　2014年9月18日　写真／高橋政士

「草津」60周年の記念ヘッドマークを掲げた、湘南色のOM03編成。80系電車の時代がテーマなのでサロ185形には等級帯が入れられ、異彩を放っていた。吹上～行田間　2010年10月10日　写真／林 要介

編成の組み換えで185系初の廃車が発生

2013(平成25)年3月ダイヤ改正以降、グリーン車やサハ185形の抜き取りなど編成の変更が頻繁に行われ、サハ185形7号車が4月1日付けで廃車となり、185系で最初の廃車となった。

B編成はB1編成以外からグリーン車が外され、これらも廃車となった。B編成は4・6・8両編成へと組み換えられ、波動用として183・189系などを置き換えた。この年から快速「ムーンライトながら」は185系によって運転されている。

2014(平成26)年4月25日にB7編成がストライプ塗色に変更されると、次々にストライプ色へ変更。2017(平成29)年12月19日にOM09編成がストライプ色となったことで、ブロックパターンの塗色は消滅した。200番代登場時のオリジナル色が復活しなかったのは残念な限りである。

列車は特急「水上」が2010(平成22)年12月に臨時列車化。特急「あかぎ」「草津」は2014(平成26)年3月15日ダイヤ改正から651系1000番代への置き換えが始まり、2016(平成28)年3月26日ダイヤ改正で高崎線系統の特急列車はすべて651系1000番代となり、185系の定期特急運用は「踊り子」のみとなった。

ついに定期運用が終了波動用として一部が残存

2020(令和2)年3月ダイヤ改正で「踊り子」へE257系の投入が始まり、2021(令和3)年3月13日ダイヤ改正でE257系2000・2500番代とE261系への置き換えが完了した。このE257系は中央本線の特急「あずさ」「かいじ」用の0番代を改造した2000番代と、房総特急「さざなみ」「わかしお」などで使用されていた500番代を改造した2500番代があり、2500番代は波動用も存在する。この置き換えによって185系は定期運用を失った。同時にJR東日本において、国鉄型特急列車の定期運用も消滅した。

ダイヤ改正直後の24日には、グリーン車2両を

含むA3編成が早速廃車となり、EF64形牽引の配給列車で長野総合車両センターに送られている。続いて第2章で紹介したOM09編成が31日に大宮総合車両センターから、長野総合車両センターへ帰らぬ旅についている。特急「踊り子」撤退以前より波動用となっていた185系も、波動用のE257系の改造が進むにつれて廃車されるものが続いた。

一方で国鉄特急形電車を売りとした団体臨時列車も企画されるようになった。注目は運転実績の少ない房総各線への列車だ。新型コロナウィルス感染症の緊急事態宣言により運転が延期されたが、10月30日に「房総半島周遊号」が両国（内房線経由）→安房鴨川→大網（誉田折返）→成東→四街道→成田→我孫子→上野と、B6編成で運転され、185系

2010年頃からスカートが強化型に交換され、落ち着いた雰囲気になった。東十条付近　2011年1月23日　写真／高橋政士

157系にちなんだ塗色に特製ヘッドマークを掲げ、高崎〜伊豆急下田間で運転された臨時特急「上州踊り子」。185系が登場する前にデザインされた"試験塗色"の1案が現実になったようだった。北鴻巣〜吹上間　2012年3月3日　写真／林 要介

特急色OM08編成と、湘南色OM03編成の併結列車。この頃から、185系の注目が高まった。日暮里付近　2012年5月17日　写真／高橋政士

の東金線の入線は大変珍しいものだ。続いて「京葉線から始まる房総一周物語～185で行くBOSOGA（房総×蘇我）熱い！～」ツアーでもB6編成を用いて運転された。しかし、その間にも185系の廃車は進み、C6編成が11月2日にEF81形139号機牽引によって郡山総合車両センターへ廃車配給されている。

鉄道150周年や東北新幹線40周年のイベント列車で注目の的に

年が明けた2022（令和4）年には、1月2日に成田臨がB6編成によって運転され、2月20・23日には、2021年9月に予定されていた「ぐるっと北総水郷185（いっぱーご）」がB6編成で運転された。

2021年3月ダイヤ改正から約1年が経過後、残存した185系はグリーン車2両組み込みの10両編成のA編成（0番代）がA1、A5、A7の3本、グリーン車を1両組み込んだ7両編成のOM編成（200番代）がOM04、OM08の2本、6両編成のB編成（0番代）がB5、B6の2本、5両編成のC編成（0番代）がC1、C2の2本、4両編成のB7、C7編成（0番代）が2本車籍を有していたが、年度末の3月28日にC7編成、2022年度となり5月25日にはA5編成、6月3日にはA7編成が長野へ廃車配給され、その勢力を減らしている。

6月4日に運転された「鉄道150周年 185系で行く貨物線の旅」にもB6編成を充当。そして注目は7月2日に「東北新幹線開業40周年記念号」の一環として運転された「185系リレー号」だ。塗色は「踊り子」用の斜めストライプであったものの、幕板部分にJNRマークとトレインマークを貼り付けた特別装飾が実施された。この列車にも新製当初に「新幹線リレー号」として活躍したB6編成が充当された。

翌3日には「2030年新金ライトレール旅客化実現祈念号」が、松戸（新金線）→銚子（総武本線）→松戸（成田線）で運転されたが、B6編成に装飾が施されていたため、事前にC1編成にC2編成のモハユニットを組み込んで6両化した編成が用いられた。

本稿執筆時点では、この列車が最も直近の185系使用列車だが、波動用も置き換えが進んでおり、E257系に続いてどのような車両が置き換え用となるか、185系はどのような列車に充当されるか、興味は尽きないところだ。

併結運転をする特急色OM08編成と、湘南色OM03編成の連結面。北本　2012年4月3日　写真／岸本 亨

定期運用が減少した185系200番代は、上野東京ラインの試運転にも度々使用された。秋葉原　2014年11月11日　写真／岸本 亨

2013年冬季から臨時夜行快速「ムーンライトながら」に充当され、大垣まで運転された。185系の定期列車引退とともに、2021年3月ダイヤ改正で廃止され、2020年3月が最終運転となった。
東京　2019年8月13日　写真／岸本 亨

上野東京ラインが開業した2015年3月21日から、185系が臨時「踊り子」として常磐線の我孫子まで乗り入れた。E257系への置き換えに伴い、2021年2月28日で終了した。
北松戸～馬橋間　2021年2月27日　写真／高橋政士

営業列車時代よりも長い、8両貫通編成になった185系200番代(B2編成)の団体列車。波動用編成の登場で、今まで定期運転のなかった路線でも見かけるようになった。木下～小林間　2015年1月13日　写真／高橋政士

3本ストライプに塗色変更された185系は、再び「伊豆の顔」として有終の美を飾った。早川〜根府川間　2019年9月5日　写真／中村 忠

185系には海がよく似合う。長らく伊豆の海と共にあった185系だが、臨時列車が増えたため房総の海を背にすることも多くなった。かつて「踊り子」として走行していた横浜を対岸に見て、内房線を行くB6編成。上総湊〜竹岡間　2021年11月3日
写真／高橋政士

1982年6月23日の先行開業から40周年を迎えた東北新幹線。「東北新幹線開業40周年記念号」の一環として運転された「185系リレー号」では、「新幹線リレー号」のトレインマークが貼付された。浦和　2022年7月2日　写真／高橋政士

新金線→総武本線→成田線という珍しいルートで運転された「2030年新金ライトレール旅客化実現祈念号」。C1編成にC2編成のモハユニットを組み込んだ6両編成が使用された。滑河～下総神崎間　2022年7月3日　写真／高橋政士

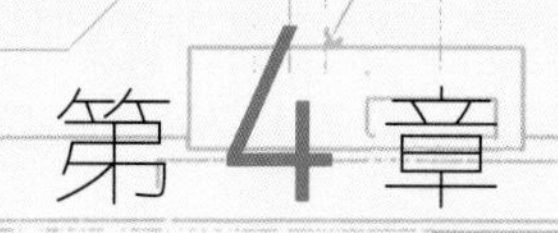

特急「踊り子」ヒストリー

185系と切っても切り離せない関係にあるのが、特急「踊り子」である。東京から近い観光地として古くから人気の伊豆には、東海道本線が熱海まで延伸されて以来、さまざまな行楽列車が運転されてきた。
第4章では「踊り子」の前身にあたる「あまぎ」「伊豆」が準急の時代から話をスタート。E257系とE261系で運転されている現在までの歴史をたどる。

文／「旅と鉄道」編集部

特急「踊り子」前史 1

週末準急から始まった伊豆アクセス

東京と伊豆を結ぶ優等列車は戦前の1928年に登場した。当時の終着は熱海で、休日のみの運転だった。また、伊豆箱根鉄道への乗り入れは、前身の駿豆鉄道時代の1933年に始まり、すでに90年近い歴史がある。戦後は準急ながら愛称名が付けられたり、早々に電車化されたりと、国鉄が並々ならぬ注力をしてきたことが伺える。

昭和初期に始まった週末準急 修善寺への乗り入れも実施

伊豆半島は、温泉と海あり山ありの豊かな自然に恵まれ、東京からほど近いこともあり、夏は海水浴、冬は温泉を目的に多くの観光客が足を運ぶ。伊豆の玄関口、熱海駅の開業は1925(大正14)年。これにより、東京から鉄道で熱海を訪れることができるようになった。

その後、1935(昭和10)年に伊東線が網代まで開業。1938(昭和13)年に伊東まで全通するも、当初の目的であった下田まで延ばすことは財政面から不可能であった。これが実現するのは戦後になって東急電鉄が敷設免許を申請し、子会社の伊豆急行の路線として1961(昭和36)年12月20日のことであった。

このような経緯から、当然、優等列車も早くから設定されている。戦前の1928(昭和3)年には東京〜熱海間に準急が設定され(当初は休日のみ運転)、東京〜熱海間を2時間13分で結んだ。この準急は好評を博し、毎日運転されるようになったほか増発もされ、1930(昭和5)年には所要時間を1時間45分に短縮した。

1933(昭和8)年5月からは三島から駿豆鉄道(現・伊豆箱根鉄道駿豆線)に乗り入れて修善寺まで直通する列車が設定された。さらに1938(昭和13)年12月に伊東線が開通し、運転区間が東京〜伊東間に延長された。しかし、戦時体制に進む中で行楽どころではなくなり、1942(昭和17)年11月に廃止となった。

準急ながら愛称名を付けて運転 電車化で特急並みの高速運転を実施

戦後になり落ち着きはじめた1949(昭和24)年2月、「湘南準急」が東京→伊東間に週末下りのみ設定され、伊豆行きの優等列車が復活する。同年4月からは修善寺行きも再設定され、東京〜伊東・修善寺間での運行となった。同年10月には日曜運転の

伊東駅の留置線に置かれた80系電車の週末準急「いでゆ」。前面にはヘッドマークが掲げられた。1956年　写真/児島眞雄

「あまぎ」から改称された準急「伊豆」。前面には下の写真とは違う形状の「いづ」と横書きされたヘッドマークを掲げる。大船付近　1958年
写真／辻阪昭浩

左ページの「いでゆ」と同じ形状のヘッドマークを掲げた準急「いづ」。愛称名は縦書きされ、その上に湘南準急の文字が入る。新橋　1959年
写真／辻阪昭浩

東京と伊豆を結ぶ電車優等列車の時刻 ❶

	1950年10月1日	1959年6月1日
列車名	準急あまぎ	準急伊豆
東京　発	12:50	12:55
熱海　着	14:19	14:26
伊東　着	14:53	14:50
修善寺　着	15:30	15:26
使用車両	80系	153系
備考	80系により電車化。伊東行きと修善寺行きを併結	153系を投入。伊東行きと修善寺行きを併結

上り準急が設定されるとともに、土曜下り・日曜上り運転のこの準急に「いでゆ」の愛称が付けられた。現在では優等列車に愛称名があるのは当たり前だが、当時の国鉄では特急「へいわ」と夜行急行「銀河」(ともに東京～大阪間)のみであり、国鉄がいかに注力していたかが伺える。同年12月には東京～三島・伊東間に週末運転の準急が設定され、「いこい」と命名された。

続いて登場したのは、後に特急の愛称名となる「あまぎ」である。1950(昭和25)年10月に週末運転の準急として東京～伊東・修善寺間に設定された。これまでの準急は客車列車だったが、「あまぎ」は80系電車を使用した最初の優等列車となった。当時は特急といえば客車列車の時代だったが、「あまぎ」の東京～熱海間の所要時間は特急「はと」と同等で、準急ながら特急並みの速達性を発揮し、電車の優位性を実証した。

一方で、同年11月には週末準急の「はつしま」が客車で設定された。翌51年3月から「いでゆ」「はつしま」は80系化された。1953(昭和28)年3月、準急「あまぎ」は「伊豆」に改称され、毎日運転の臨時列車となる。そして翌54年10月に「いでゆ」「伊豆」は定期列車に格上げされた。この改正では、「あまぎ」の愛称名が新宿～熱海間の準急として復活したほか、列車指定・枚数制限の準急券も販売されるようになった。東京と伊豆とを結ぶ準急は好評で増発を重ね、愛称名も「たちばな」「十国」「おくいず」が登場した。

ユニークなところでは、1959(昭和34)年4月10・12日に運転された臨時準急「ちよだ」がある。これは、4月10日に挙行された皇太子ご夫妻(現・上皇ご夫妻)の結婚式を記念して東京～伊東間で運転された列車で、車両は151系電車(当時はモハ20系)を使用した。当時の伊豆は新婚旅行先としても人気で、そこに特急用の151系で運転される、まさにスペシャルな準急列車であった。また、同年6月の準急「伊豆」を皮切りに、車両が新しい153系に置き換えられていった。

これまでの列車は、東京ないし新宿を起点としていたが、1961(昭和36)年3月に設定された準急「湘南日光」は、日光～伊東間を直通運転した。当時は上野～東京間がスルー運転できるようになっていたので、東京発着の東北・上越方面の列車も設定されていたが、この列車は通常は日光～東京間の「第2日光」と東京～伊東間の「臨時いでゆ」、

多客期は「湘南日光」としてスルー運転するように設定された。車両は後に伊豆の顔となる157系電車が使用された。このような直通列車は、後の1966(昭和41)年10月に常磐線の平(現・いわき)と伊豆急下田とを結ぶ臨時急行「常磐伊豆」も設定された。

なお、1961年10月に新宿発着「あまぎ」は廃止され、愛称は東京発着の列車に転用された。

当時の皇太子殿下(現・上皇陛下)のご成婚を記念し、新婚列車として151系で運転された臨時準急「ちよだ号」。ヘッドマークまわりは花で装飾された。品川～大井町間　1959年4月12日　写真／辻阪昭浩

皇太子殿下ご結婚記念
準急新婚列車「ちよだ号」発着時刻表

4月10日運転			4月12日運転		
T 3703	列車番号	T 3704	T 3701	列車番号	T 3702
発着時刻	駅名	発着時刻	発着時刻	駅名	発着時刻
↓ 16.45	東　京	21.17	↓ 7.30	東　京	12.47
↓	新　橋	21.13	↓	新　橋	12.43
↓	品　川	21.08	↓	品　川	12.38
17.12	横　浜	20.50 20.49	7.54 7.55	横　浜	12.20 12.19
18.01 18.02	小田原	20.08 20.07	8.39 8.40	小田原	11.36
18.17 18.18	湯河原	19.53 19.52	8.55 8.56	湯河原	11.21 11.20
18.24 18.27	熱　海	19.46 19.43	9.02 9.05	熱　海	11.15 11.11
18.29 18.30	来　宮	19.41 19.40	9.07 9.09	来　宮	11.08 11.06
18.39 18.43	網　代	19.28	9.19	網　代	10.55 10.53
18.53	伊　東	19.18 ↑	9.29	伊　東	10.43 ↑

（この券は所定の準急券が伴わないと無効です）

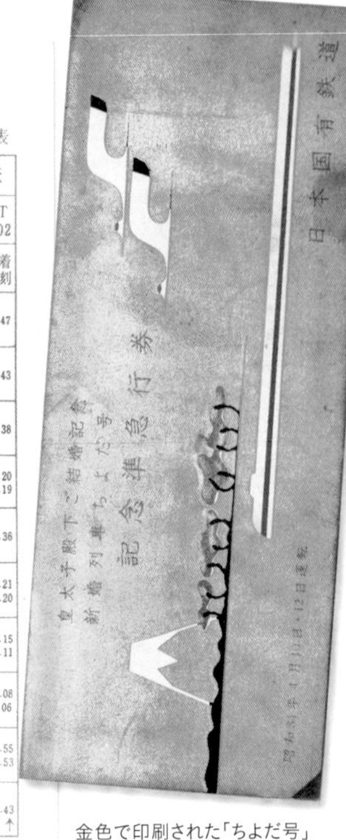

金色で印刷された「ちよだ号」の記念準急行券。裏面には運転時刻が印刷されていた。
所蔵／辻阪昭浩

編成図1　週末準急「あまぎ」　1950年10月1日～　東京～伊東

←伊東　基本編成

1号車	2号車	3号車	4号車	5号車	6号車	7号車	8号車	9号車	10号車
クハ86	モハ80	サハ87	モハ80	サロ85	サロ85	モハ80	サハ87	モハ80	クハ86
3等車	3等車	3等車	3等車	2等車	2等車	3等車	3等車	3等車	3等車

付属編成　→東京

11号車	12号車	13号車	14号車	15号車
クハ86	モハ80	サハ87	モハ80	クハ86
3等車	3等車	3等車	3等車	3等車

1950年3月に東京～沼津間で運転を開始した80系電車を、週末に運転される伊豆行きの準急に充当。「あまぎ」の列車名が付けられた。

編成図2　準急「伊豆」　1959年6月～　東京～伊東

←伊東・修善寺　基本編成　東京～伊東

1号車	2号車	3号車	4号車	5号車	6号車	7号車	8号車	9号車	10号車
クハ153	モハ152	モハ153	サロ153	サロ153	モハ152	モハ153	モハ152	モハ153	クハ153
3等車	3等車	3等車	3等車	2等車	2等車	3等車	3等車	3等車	3等車

付属編成　東京～修善寺　→東京

11号車	12号車	13号車	14号車	15号車
クハ153	サハ153	モハ152	モハ153	クハ153
3等車	3等車	3等車	3等車	3等車

東京と伊豆を結ぶ準急のうち、「伊豆」が最初に80系から153系に車両が変更された。熱海で分割併合を行い、付属編成は伊豆箱根鉄道駿豆線に乗り入れる。

特急「踊り子」前史 2

複数の愛称名を集約、準急から特急の時代へ

1964年10月の東海道新幹線開業に伴い、特急「ひびき」が廃止されて、157系は急行「伊豆」に充当された。特急形電車を急行料金で利用できて好評だった。左奥は御殿場線のD52形。国府津付近　1964年
写真／辻阪昭浩

複雑になる愛称名を整理「あまぎ」「伊豆」に集約

1961（昭和36）年12月、東急電鉄グループの伊豆急行により、伊東～伊豆急下田間が開業し、国鉄では「伊豆」1往復と「おくいず」（土休日運転）で直通運転を開始。今日の運行形態がここで登場した。1963（昭和38）年12月には「あまぎ」も伊豆急下田まで延長された。

1964（昭和39）年10月1日の東海道新幹線開業は、東海道本線が激変する大改正となった。東京～伊豆間の列車の変化は少ないが、ここから数年は変更が相次ぐ。まず、東京～大阪間の特急「ひびき」で使用されていた157系が、新幹線開業に伴う特急廃止により余剰となり、2往復の定期急行に格上げされた「伊豆」に転用された（運転開始は11月）。また、準急のまま残る「伊豆」の1往復半は不定期準急「あまぎ」に組み込まれた。

さらに翌65年10月に愛称名が整理され、下記のようになる。

■ 急行「伊豆」（153系・157系）
■ 準急「あまぎ」（153系・165系）
■ 不定期準急「いでゆ」（153系・客車）

なお、1966（昭和41）年3月に国鉄の料金制度が改正され、準急は急行に格上げされた。そのため定期急行の愛称が2種類存在することになり、1968

(昭和43)年10月に再び列車名が整理され、全車指定席の急行は「伊豆」、自由席連結の急行は「おくいず」とされ、「いでゆ」「あまぎ」は廃止された。

急行「伊豆」の車両格差解消のため157系は特急「あまぎ」に格上げ

急行「伊豆」では153系と157系が使用されていたが、このうち特急車の設備を持つ157系を使用する列車は特急に格上げすることになり、1969(昭和44)年4月ダイヤ改正で、「あまぎ」の愛称名が特急として復活した。

以降は

- ■ 特急「あまぎ」(157系)
- ■ 急行「伊豆」(153系・全車指定席)
- ■ 急行「おくいず」(153系・自由席連結)

の3愛称で運行が続けられた。

1976(昭和51)年3月ダイヤ改正で「おくいず」は「伊豆」に統合された。また、157系の老朽化に伴い、「あまぎ」の車両が183系1000番代に置き換えられた。

1961年から運転された準急「湘南日光」は、1963年3月から165系に置き換えられた。蒲田〜川崎間　1964年7月　写真／辻阪昭浩

157系の老朽化により、「あまぎ」は183系1000番代に置き換えられた。東京　写真／児島眞雄

東京と伊豆を結ぶ電車優等列車の時刻 ❷

	1961年12月10日	1964年11月1日	1969年4月25日
列車名	準急「伊豆」	急行「第1伊豆」	特急「あまぎ」2号
東京　発	12:52	8:54	8:50
熱海　着	14:31	10:18	レ
伊東　着	14:57	10:42	10:36
伊豆急下田　着	15:51	11:35	11:26
修善寺　着	15:26	11:09	…
使用車両	153系	157系	157系
備考	伊豆急行線開業。伊豆急下田行きと修善寺行きを併結	157系7両編成(伊豆急下田行き)+6両編成(修善寺行き)	157系使用列車を特急化。9両編成で分割併合はない

編成図 3　特急「あまぎ」　1969年4月〜　東京〜伊豆急下田

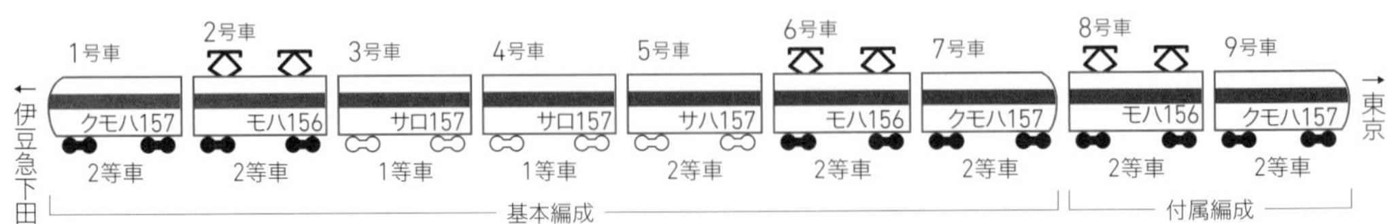

急行「伊豆」のうち、157系を使用する列車を特急に格上げ。「あまぎ」と命名される。
先頭車は非貫通型なので、7〜8号車間は通り抜けできない。

東海道本線を下る185系「踊り子」。113系の普通列車とすれ違う。
真鶴〜根府川間　1996年6月5日　写真／児島眞雄

特急「踊り子」の愛称名で185系が本格稼働

特急と急行を統合し新型車投入 新愛称「踊り子」が登場

特急「あまぎ」と急行「伊豆」の2列車体制となった東京〜伊豆間の優等列車だが、各地で急行の特急格上げが進められていて、この2列車も統合が図られた。ただ、ほかの列車と違うのは、あわせて153系の後継となる新型車両を投入することで、愛称名も公募された。この新型車両として開発されたのが185系で、早期に落成した車両は1981(昭和56)年3月から急行「伊豆」に投入された。

新しい特急の愛称名は川端康成の小説『伊豆の踊子』にちなんで「踊り子」と命名され、同年10月1日に運行を開始した。「あまぎ」はエル特急ではなかったが、「踊り子」は本数も多く、エル特急に指定された。また、「あまぎ」は伊豆急下田発着のみだったが、「踊り子」は分割編成を用意することで修善寺発着も設定された。

当初は183系1000番代も併用されていたが、「新幹線リレー号」の役目を終えた200番代が転属してきた1985(昭和60)年3月に全列車が185系化された。同年10月には新宿発着が臨時で設定された。

国鉄分割民営化でサービス改善 多様な運転区間で利用を図る

1987(昭和62)年4月1日、国鉄は分割民営化されて民間企業のJRとなった。「踊り子」の185系はJR東日本が承継。走行路線の大半はJR東日本の路線だが、修善寺への直通列車は熱海から三島までJR東海の路線を走行して運転が継続された。

民間企業となったJRはさまざまなサービスアップに取り組んだが、利便性の向上もそのひとつで、さまざまな新ルートが試みられた。同年10月には臨時特急「モントレー踊り子」が前橋〜伊豆急下田間で運転された。これは現在の湘南新宿ラインになるルートで、1990(平成2)年12月まで継続された。

また1988(昭和63)年3月ダイヤ改正では、新宿発着を延長のうえ定期化した池袋発着が1往復設定され、東京西部からのアクセスを向上した。

1989(平成元)年8月には、成田〜伊豆急下田間で臨時特急「ウイング踊り子」が運転され、車両は183系が使用された。空港アクセスを企図した列車だが、当時は成田空港直下に鉄道が乗り入れる前で、成田空港と成田駅の間はバスで連絡した。

「あまぎ」から特急を引き継いだ「踊り子」だが、初期は車両も183系1000番代が併用されていた。品川〜大井町間　1985年3月10日　写真／新井 泰

編成図4　特急「踊り子」　1981年10月〜2021年3月　東京〜伊豆急下田・修善寺

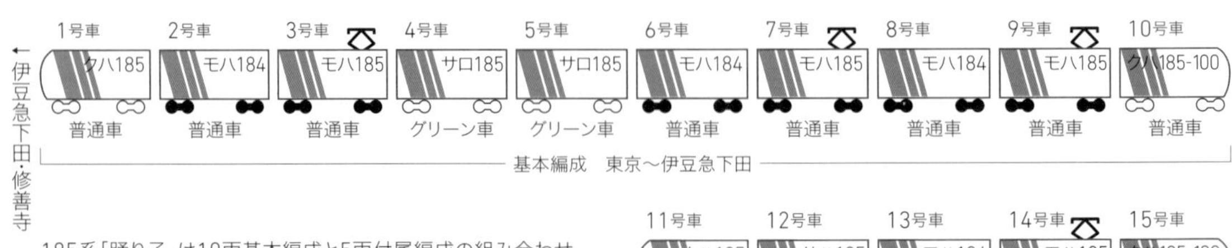

185系「踊り子」は10両基本編成と5両付属編成の組み合わせ。7両編成の200番代も充当された。基本編成と付属編成の編成内容は引退まで変わらなかった。

ユニークな車両を使用した臨時「踊り子」が多数登場

伊豆半島は、夏休み期間中や年末年始は特に賑わいを見せ、特急「踊り子」にもさまざまな臨時列車が登場した。機関車が14系座席車を牽引する臨時「踊り子」は国鉄時代に設定され、JR発足後もしばらく運転が継続された。国鉄時代の1983(昭和58)年8月に運転された「お座敷踊り子」は、スロ81系客車を使用した列車で、旧形客車による特急はこれが最後となった。

また、14系を改造した欧風客車「サロンエクスプレス東京」を使用した「サロンエクスプレス踊り子」も運転された。折しも1980年代後半はバブル経済で、このような臨時列車が多数設定された。

1988(昭和63)年5月には、伊豆急行2100系「リゾート21」を使用した臨時快速「リゾートライナー21」が東京～伊豆急下田間で運行された。普通列車用ながらシアター状の展望席や海側を向いた座席など、観光列車のような設備を持つ「リゾート21」は好評で、7月には臨時特急「リゾート踊り子」として東京～伊豆急下田間で運転された。「リゾート

多客期に14系客車で運転された臨時「踊り子」。お召指定機のEF58形61号機が先頭に立つこともあった。横浜～保土ケ谷間　1986年1月11日
写真／大那庸之助

臨時「踊り子」の先頭に立つEF65形1000番代。14系座席車を8両連ね、ヘッドマークを掲げて運転された。
根府川　1986年11月8日
写真／大那庸之助

両先頭車はダブルデッカー、そのほかもハイデッカー構造とした「スーパービュー踊り子」。国鉄時代には生まれなかった観光特急といえ、東京発着のほか、当初から池袋・新宿発着も設定された。五反田　2002年3月9日　写真／児島眞雄

踊り子」は編成を変えつつ2016(平成28)年5月まで運転された。

池袋駅に掲げられた「スーパービュー踊り子」運転開始の横断幕。1990年5月　写真／岸本 亨

1990(平成2)年4月28日、JR初の本格的なリゾート特急となる「スーパービュー踊り子」が3往復設定された。専用の251系はハイデッカー構造・全車指定席の10両編成で、1・2・10号はダブルデッカーとなった。東京発着のほか新宿・池袋を発着する列車も設けられ、新たな需要開拓が図られた。当初は2編成のみのため、水曜日は整備のため185系による代走だったが、後に4往復に増備され、本数も5往復に増発された。

そのほか、1990年代前半には「伊豆マリン号」

編成図 5　特急「スーパービュー踊り子」　1990年4月〜　東京〜伊豆急下田

1・2・10号車はダブルデッカー、そのほかはハイデッカー構造となる観光特急。10両貫通編成のみで、付属編成はない。
塗色変更とリニューアル工事は行われたが、編成は変更ない。

東京駅で出発を待つ伊豆急行2100系を使用した「リゾート踊り子」。東京駅に乗り入れ可能な装備を持つR-3編成の登場により可能になった。1989年4月
写真／岸本 亨

「伊豆マリン新宿号」「伊豆いでゆ号」などの臨時快速が165系・167系を使用して運転された。

185系からE257系へ 新時代に入った「踊り子」

1990年代後半になると、伊豆の観光需要が落ち着いてきたが、2010年代になるとユニークな臨時列車が運転された。2011(平成23)年10月15・16日に運転された「特急踊り子30周年記念号」では、リニューアル改造で塗色変更された185系のうちA8編成が登場時の斜めストライプ塗色に変更されて運転された。翌12年3月3日に高崎→伊豆急下田間で運転された臨時特急「上州踊り子」と3・4日に運転された臨時特急「あまぎ」では、157系を模した塗色の185系OM08編成で運転された。

同年12月1日にはE259系を使用した臨時特急「マリンエクスプレス踊り子」が運転され、2020(令和2)年3月ダイヤ改正まで多客期に設定された。

2015(平成27)年3月に上野東京ラインが開業し、常磐線の我孫子と伊豆急下田とを結ぶ臨時「踊り子」が週末に設定された。同様に、上野東京ラインを使用して東京から大宮まで延長運転される列車も設定された。

2020(令和2)年3月14日ダイヤ改正は、「踊り子」にとって大変革の改正となった。251系を使用した「スーパービュー踊り子」が運転を終了し、代

欧風客車「サロンエクスプレス東京」を使用して運転された「サロンエクスプレス踊り子」。午後に運転され、ヘッドマークも夕日のデザインだった。東京　1988年8月　写真／PIXTA

伊豆急行2100系のR-5編成「アルファ・リゾート21」を使用した「リゾート踊り子」。当初、前面に表示器類はなかったが、後年にLED表示器が追加され、列車名と行先が表示された。

わりにE261系を使用した「サフィール踊り子」が設定され、リゾート特急としての役割が交代した。

また、JR東日本で最後の国鉄型車両を使用した定期特急となっていた「踊り子」の185系にも交代の時期が訪れ、E257系が投入された。この車両は中央本線の「あずさ」「かいじ」で使用されていた車両の内外装をリニューアル改造したもので、E257系2000番代による9両編成が組まれた。E257系の投入が発表されたときは、中央特急時代の武田菱をモチーフにした塗色に変わって斜めストライプが入るのでは、という噂もあったが、窓まわりをペニンシュラブルーで塗装した塗色をまとって登

東京と伊豆を結ぶ電車優等列車の時刻 ❸

	1981年10月1日	1990年4月28日	2020年3月14日	2020年3月14日
列車名	特急「踊り子」3号	特急「スーパービュー踊り子」1号	特急「踊り子」7号	特急「サフィール踊り子」1号
東京　発	9:00	14:00	10:00	11:00
熱海　着	10:27	15:16	11:20	12:17
伊東　着	10:52	15:40	11:44	12:36
伊豆急下田　着	11:47	16:36	12:41	13:29
修善寺　着	11:17	…	…	…
使用車両	185系	251系	E257系	E261系
備考	特急「踊り子」誕生。「伊豆」の停車駅を継承、所要時間は遅い	観光特急「スーパービュー踊り子」が誕生。新宿発・池袋着も設定	E257系投入。当初は基本編成のみで、修善寺行きは185系で運行	「サフィール踊り子」登場。下り3本のうち1本は新宿発で設定

251系「スーパービュー踊り子」は、2002年からリニューアルが行われ、車体色も飛雲ホワイトとエメラルドグリーンのツートンに、ライトブルーの帯を巻く塗色に変更された。伊豆稲取〜今井浜海岸間　2020年1月3日

場した。

2021(令和3)年2月28日をもって我孫子発着の「踊り子」は運転を終了し、3月12日運転の「踊り子16号」をもって185系が定期運用から引退した。3月13日ダイヤ改正で「踊り子」は全列車がE257系となり、修善寺発着用に房総特急のE257系500番代を改造した5両編成の2500番代も登場した。

E257系2000・2500番代「踊り子」とE261系「サフィール踊り子」の2列車体制となったが、コロナ禍が落ち着き、観光需要が戻ってきたら、また新たな盛り上がりを見せてくれることだろう。

伊豆急下田に並んだ特急と観光列車たち。手前からE259系「マリンエクスプレス踊り子」、651系「伊豆クレイル」、251系、185系。2018年8月26日

編成図6　特急「サフィール踊り子」　2020年3月〜　東京・新宿〜伊豆急下田

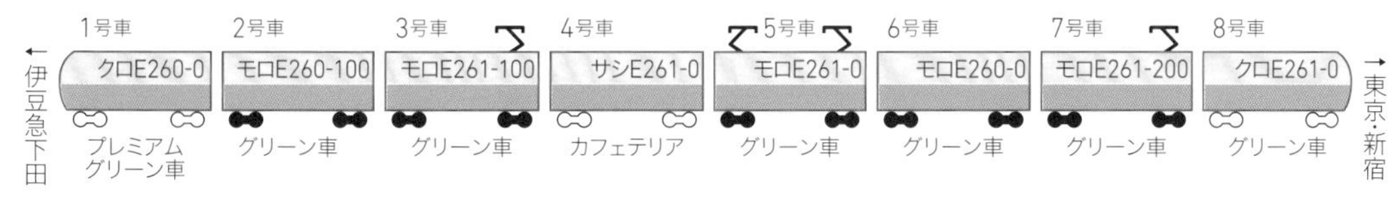

全車グリーン車の観光特急。1号車はさらに豪華なプレミアムグリーン車を連結。4号車のカフェテリアは形式記号に「シ」を用いる。

185系に代わって「踊り子」に投入されたE257系2000番代。元は「あずさ」「かいじ」用の車両だが、高すぎない高運転台のスタイルは185系の後継といっても違和感のないスタイルだ。

「スーパービュー踊り子」の後継となるE261系「サフィール踊り子」。251系よりも高級志向で、全車グリーン車の豪華編成となる。

伊豆箱根鉄道乗り入れは、房総特急から転属したE257系2500番代が担う。185系と同じ5両編成で、前面は貫通型になる。

編成図 7　特急「踊り子」　2021年3月～　東京・新宿～伊豆急下田・修善寺

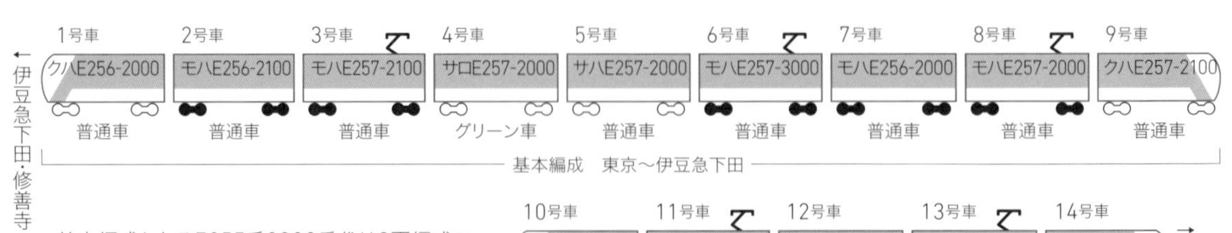

基本編成となるE257系2000番代は9両編成で、2020年3月から運用開始。付属編成は2500番代で、2021年3月から修善寺発着に充当。

STAFF

編　集
林 要介(「旅と鉄道」編集部)

デザイン
安部孝司

執　筆(五十音順)
高橋政士、「旅と鉄道」編集部

写真協力(五十音順)
RGG、新井 泰、岸本 亨、小寺幹久(大那庸之助氏写真所蔵)、
高橋政士、辻阪昭浩、中村 忠、長谷川智紀、
マリオン業務センター(児島眞雄氏写真所蔵)、
PIXTA、Photo Library

取材協力
東日本旅客鉄道株式会社

参考文献

185系特急形直流電車説明書(日本国有鉄道車両設計事務所)、形式185・117系(イカロス出版)、国鉄・JR列車名大事典(寺本光照／中央書院)、JR特急の四半世紀(イカロス出版)、鉄道ファン 各号(交友社)、鉄道ピクトリアル 各号(電気車研究会)、交通新聞 各号(交通新聞社)、JR全車輌ハンドブック 各号(ネコ・パブリッシング)、JTB時刻表 各号(JTBパブリッシング)、JR電車編成表 各号(交通新聞社)

旅鉄車両ファイル004

国鉄 185系 特急形電車

2022年8月30日　初版第1刷発行

編　　者　「旅と鉄道」編集部
発 行 人　勝峰富雄
発　　行　株式会社 天夢人
　　　　　〒101-0051　東京都千代田区神田神保町1-105
　　　　　https://www.temjin-g.co.jp/
発　　売　株式会社 山と溪谷社
　　　　　〒101-0051　東京都千代田区神田神保町1-105
印刷・製本　大日本印刷株式会社

■内容に関するお問合せ先
「旅と鉄道」編集部　info@temjin-g.co.jp
電話03-6837-4680
■乱丁・落丁に関するお問合せ先
山と溪谷社カスタマーセンター
service@yamakei.co.jp
■書店・取次様からのご注文先
山と溪谷社受注センター
電話048-458-3455　FAX048-421-0513
■書店・取次様からのご注文以外のお問合せ先
eigyo@yamakei.co.jp

Printed in Japan
ISBN978-4-635-82415-6